合浦海丝研究系列（三）

合浦南珠历史文化研究

合浦县申报海上丝绸之路世界文化遗产中心 编

廖国一 等著

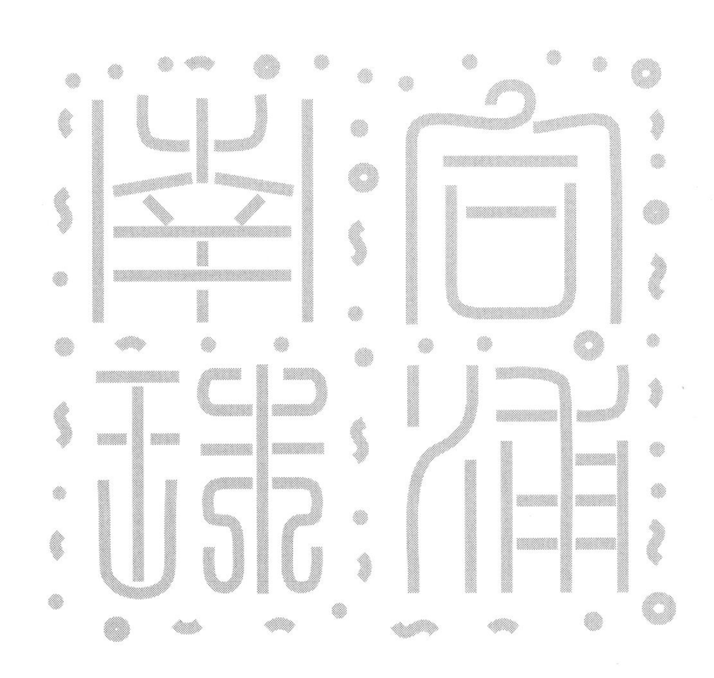

广西科学技术出版社

图书在版编目（CIP）数据

合浦南珠历史文化研究 / 廖国一等著；合浦县申报海上丝绸之路世界文化遗产中心编．— 南宁：广西科学技术出版社，2022.4
（合浦海丝研究系列．三）
ISBN 978-7-5551-1782-7

Ⅰ．①合…　Ⅱ．①廖… ②合…　Ⅲ．①珍珠渔业—文化研究—合浦县　Ⅳ．① S979

中国版本图书馆 CIP 数据核字（2022）第 059132 号

HEPU NANZHU LISHI WENHUA YANJIU
合浦南珠历史文化研究

廖国一　等著
合浦县申报海上丝绸之路世界文化遗产中心　编

策　　划：陈勇辉　罗煜涛　何杏华
责任编辑：陈剑平　陈诗英　　助理编辑：郑松慧　陈正煜
责任校对：阁世景　　责任印制：韦文印
装帧设计：韦娇林

出 版 人：卢培钊
出版发行：广西科学技术出版社
社　　址：广西南宁市东葛路 66 号　　邮政编码：530023
网　　址：http://www.gxkjs.com

经　　销：全国各地新华书店
印　　刷：广西壮族自治区地质印刷厂
地　　址：南宁市建政东路 88 号　　邮政编码：530023

开　　本：787mm × 1092mm　1/16
字　　数：225 千字　　印　　张：14.25
版　　次：2022 年 4 月第 1 版
印　　次：2022 年 4 月第 1 次印刷
书　　号：ISBN 978-7-5551-1782-7
定　　价：108.00 元

“合浦海丝研究系列（三）”编委会

总　序

公元前5世纪，古希腊历史学家希罗多德在他的名著《历史》一书中，向人类展现了海洋文明精彩纷呈的历史画卷。希罗多德从第一卷开篇，便用细致入微的笔触描写了那一场影响古代海上世界格局的希波战争，以及希腊人、波斯人、腓尼基人是如何将埃及和亚述的商品从遥远的天之涯、海之角贩运到世界的另一个角落，在他的笔下展现出海上贸易与陆上交通之间密切而广泛的联系，还有由此而引起的争端、战争和征服。在书中，甚至读到了这样丰富、有趣的细节：

> 根据有学识的波斯人的说法，最初引起了争端的是腓尼基人。他们说，以前住在红海沿岸的这些人，在迁移到我们的海这边来并在这些人现在还居住着的地方定居下来以后，立刻便开始走上远途的航程；他们载运着埃及和亚述的货物，曾在许许多多地方，就中也在阿尔哥斯这样一个地方登陆。阿尔哥斯在今天通称为希腊的地区中，是在任何方面都优于其他国家的。他们来到阿尔哥斯这里，便陈设出他们的货物来进行交易。到第五、六天，等几乎所有的货物都卖完的时候，又有许多妇女来到海岸这里，其中有国王的一个女儿。他们说她的名字和希腊人的名字一样，叫做伊奥，她的父亲就是国王伊那柯斯。妇女们站在船尾的地方挑选她们最称心的物品，但这时腓尼基人却相互激励着向她们扑过去。

大部分的妇女跑开了，伊奥和其他一些妇女却给腓尼基人捉住，放到船上并给带到埃及去了……（希罗多德：《历史》上册第一卷，商务印书馆，2010 年）

人类文明的历史从来就是由海上文明与大陆文明交融而成，而连接大陆和海洋的，就是希罗多德笔下的这些航线、船舶、港口和商品，以及来自不同区域的充满各种欲望和幻想的人群。在中华文明的历史基因当中同样具有这些因素，因为我们不仅拥有广袤的陆疆，还拥有辽阔的海域和漫长的海岸线。希罗多德所描述的这些历史画面，不仅仅出现在遥远的西方，也曾出现在古老的东方。

广西合浦，就是镶嵌在中国南疆海岸上的一颗耀眼的明珠，中国的海上交通和贸易最早可能就出现在这里。据《汉书·地理志》记载，在汉武帝平定岭南、设置郡县之后，即派遣官方使团从合浦郡的合浦、徐闻两港出发，驶离日南边关，经由马来半岛前往今印度、斯里兰卡等地，这可以称为中国最早的海上丝绸之路。多年以来的有关考古资料表明，合浦汉墓中出现了大量具有海外商贸特色的文物，其中既有可能是被带去域外作为大额交易货币使用的金饼，也有作为奢侈品输入的香料、玻璃器和各类珠饰，以及波斯陶壶之类的个人遗物。汉墓中还出现了具有外来文化特点的胡人俑和有翼神兽，与佛教海路输入有关的钵生莲花器、三宝佩、摩竭佩等器物。有学者甚至认为，这个时期岭南地区汉墓中出现的叠涩穹隆顶——这种在中国其他地区不甚常见的砌建方式，或许也受到了中亚帕提亚－巴克特里亚砖石拱顶系统的影响。这些因素足以表明，合浦在汉代海上交通和贸易中具有十分重要的历史地位。

毫无疑问，合浦与海上丝绸之路研究是一项具有世界性意义的课题，它的学术价值和社会影响是多方面的。

首先，合浦与海上丝绸之路研究的世界性意义在于其自身所具有的鲜明特色。合浦不仅是中国海上丝绸之路的重要节点之一，而且具有原发性、辐射性、创构性等极强的个性特色。

所谓原发性，是指合浦港具有海上交通贸易得天独厚的自然环境和条件，以及长期以来形成的历史文化传统。合浦位于北部湾地区，拥有漫长的海岸线和不冻的良港，地处低纬度的信风带，具备了航海所必需的风向、潮流、港湾等自然条件，所以自先秦时代以来，生活于斯的古老部族（如百越）很可能已经掌握了有关近海航行所需的某些重要知识体系，包括星象观测、造船术、近海航行技术等。秦始皇统一中国之后，对岭南地区的统治加强，设立南海等郡，多次巡游海滨，都体现出一个东方大国对海洋的关注。汉武帝平定南越之后，在秦朝三郡的基础上分置九郡，合浦正式成为对外海上交通的港口，正是这种原发性特点的发展趋势和必然效应。

合浦港所具有的辐射性特点十分鲜明。合浦不仅通过内河航运形成出海口与内陆交通的天然网络，成为北部湾地区汉王朝对外开放的主要口岸，而且北接陆上丝绸之路，向西连通西南地区，形成汉王朝南北交通的重要枢纽，通过海上丝绸之路传入合浦的珠饰、玻璃器等器物也深入传播到南方各地和中原地区。

合浦港的创构性特色体现在“丝路精神”的传承上。合浦从汉代便成为中外海上交通重镇；宋代在北部湾地区设置了钦州博易场，与西南地区、内陆地区及域外进行商业贸易，南宋时期钦州更是成为我国西南地区最大的香料集散地，来自各国的香料及其他各种商品由此销往内陆各地；元代以来的很长一段时期，北部湾各港口作为中国海上商贸的重要口岸，仍然具有极其重要的地位。这说明千百年来，广西北部湾地区以海洋为纽带，秉承和平合作、开放包容、互学互鉴、互利共赢的“丝路精神”，一直推动着域内外多民族、多文化交汇融合的进程。

其次，合浦与海上丝绸之路研究的世界性意义体现在其提供了世界关于古代中国早期的海洋文明景观。曾几何时，有人试图用“黄色文明”与“蓝色文明”、“内陆文明”与“海洋文明”这样的对立两分法来解读中华文明与欧美文明之间的个性特征，但合浦港的实例却表明，历史上的中国对海洋文明的关注并不亚于对内陆文明的关注。在沿海地带从辽宁的长山群岛，沿海岸线南下直至环珠江一带，再到北部湾沿岸，考古学者均发现大量与海洋文明有关的历史遗存。人类对海洋的探索、利用与开发，在东方的中国同样有着久远的历史，而合浦则是其中具有典型代表意义的例证。

最后，合浦与海上丝绸之路研究的世界性意义在于其对中国崛起所具有的重大现实意义。在以习近平同志为核心的党中央提出的“一带一路”倡议中，广西被赋予了“三大定位”，即构建面向东盟的国际大通道，打造西南中南地区开放发展新的战略支点，形成21世纪海上丝绸之路与丝绸之路经济带有机衔接的重要门户。在“三大定位”引领改革开放迈进新格局的征程中，合浦的历史经验势必成为人类面向未来发展的宝贵精神财富。古老的中华民族正在民族复兴的大道上奋进，历史上由于优越的内陆型地理条件所养成的内聚型的文化心态、经济形态和政治生态，都在随之改变。世界认识中国，中国走向世界，蓝色的海洋成为中华民族正在谱写的历史新篇章，而合浦的海上丝绸之路研究，无疑将助推广西社会经济、文化事业的发展。

2017年7月，在合浦县党委、政府的大力支持之下，成立了合浦县申报海上丝绸之路世界文化遗产中心。该中心组织编写的“合浦海丝研究系列”丛书，标志着以合浦为中心的海上丝绸之路研究已经进入一个新阶段。该丛书的作者，既有长年工作在合浦考古第一线的考古学者，也有具备丰富本土知识的历史学家，还有曾参与多学科合作研究的科技工作者。该丛书选题的角度和层面十分多样，所形成的著作内容丰富、各具特点，尽管在水平层次上还存在差异，但是总体而言，可以反映出现阶段合浦海上丝绸之路研究的现状。该丛书的出版，对于引领未来我国海上丝绸之路研究的走向及合浦申报世界文化遗产的具体操作，都具有重要的借鉴意义和学术价值。应当特别提到的是，该丛书的作者多站在世界文明的高度，关注合浦与海外海上丝绸之路的比较研究，认识到合浦历史文化遗产所具有的世界性意义，将其置于世界海洋文明史的视野下加以观察，这就意味着“合浦海丝研究系列”丛书将是一套21世纪的“走向未来丛书”，能够带给读者全新的信息、全新的理念和全新的思考。

霍巍

2018年12月17日

写于四川大学江安花园

霍巍，四川大学历史文化学院院长，教授，博士生导师。国务院特殊津贴专家，教育部“跨世纪优秀人才”专家、“长江学者奖励计划”特聘教授。2017年被聘为合浦海上丝绸之路研究院首任学术顾问。主要从事汉唐考古、西藏考古、中外文化交流等方面的研究，先后出版《西藏古代墓葬制度史》、《战国秦汉时期中国西南的对外文化交流》（与赵德云合著）、《西南考古与中华文明》等多部学术专著，在国内外发表论文百余篇。

前　言

南珠是广西合浦、北海的名产，具有悠久的历史和璀璨的文化，是中外文化交流的历史见证，是世界驰名的国之瑰宝。南珠具有粒圆凝重、晶莹剔透、光泽美丽、色泽持久等特点，被誉为中国海水珍珠的皇后。合浦南珠质量好，产量大，2006年被认证为中华人民共和国地理标志保护产品。

合浦海上丝绸之路，不仅是丝绸之路，也是南珠之路。南珠由岭南沿海地区往北输送至中原地区，引起了中原人对南海的向往，也促进了秦朝对岭南的开拓和汉朝对海上丝绸之路的开辟。蒋廷瑜于《南流江在海上丝绸之路的历史和作用》一文中提到，合浦是珍珠产地，也是珍珠集散地，这些珍珠历来都经由南流江北上北流江输往中原地区。与丝绸从中原往南运往南海不同，南珠是从南海往北输送中原的。

从文献记载来看，南珠一直作为地方珍贵物产进贡中央王朝。《逸周书·王会解》中有关于商代初期岭南地区进贡珍珠的记载，而商代殷墟遗址等地出土的大批海贝和玳瑁（海龟）等海产，也是通过交换或者进贡等途径从岭南沿海地区输送到中原的。

《汉书·地理志》载:“自日南障塞、徐闻、合浦船行可五月，有都元国；又船行可四月，有邑卢没国……有译长，属黄门，与应募者俱入海市明珠、壁流离、奇石异物，赍黄金杂缯而往。”这是史籍中关于汉代从北部湾至东南亚、南亚等地存在着一条“海上丝绸之路”的最早的记载。“明珠”，当指珍珠；“壁流离”，即“壁琉璃”，实指早期的玻璃。汉代海上丝绸之路的开通，带动了中国与东南亚、南亚诸国丝绸、珍珠、玻璃器和宝石的贸易。而珍珠首饰的佩戴，也逐渐成为时尚。

明末清初屈大均《广东新语》中载“今天下人无贵贱皆尚珠。数万金珠，至五羊之市，一夕而售”，反映了古代人们对珍珠达到了十分喜爱的程度。历代不少名人的诗、文、赋、疏及碑刻等，往往以南珠、合浦珍珠和“合浦珠还”故事等作为题材。《珠还合浦赋》成为唐德宗贞元七年（791年）科举考试的考题。凡此种种，都体现了南珠文化广泛而深远的影响。

作为一个土生土长、热爱家乡的合浦人，我参加工作以后一直关注和研究北部湾历史文化，并发表了有关北部湾海上丝绸之路文化的系列论文。1996年8月，我访问了日本三重县鸟羽市的御木本珍珠岛。日本当时在珍珠的养殖技术、加工和展示等方面已经居世界前列，并形成了珍珠大产业，日本学者对珍珠的研究成果也很丰富，值得学习。这次日本之行，使我深受启发。回国后，我开始关注南珠历史文化，曾到过明代白龙珍珠城遗址进行调查，到过铁山港区营盘镇(原隶属合浦县)渔村珠农家中进行考察，对相关的历史文献进行收集、考证，撰写和发表了关于南珠历史文化的几篇论文。后来，我又与北海市博物馆一起对铁山港区进行文物调查，发现了汉代、南北朝至唐代的不少墓葬、窑址、陶瓷器等，印证了汉代人们在今北海市铁山港一带生产生活、采捞珍珠的史实。2018年，广西师范大学泛北部湾区域研究中心承担了合浦县申报海上丝绸之路世界文化遗产中心“合浦南珠历史文化研究”这一课题的研究任务，开始组织队伍开展调查研究，最终顺利完成了《合浦南珠历史文化研究》一书的研究和编纂工作。

本书从历史文献的角度出发，比较系统地从南珠采捞的历史变迁，古代采珠海域的具体位置，沿海珠民的多神崇拜和祭祀活动，南珠的商贸，南珠采捞对海洋生态环境的影响，南珠养殖的历史与现状，南珠传说及其价值体现，南珠有关的诗、文、赋、疏及碑刻，南珠文化资源的开发现状和提升等方面来考证合浦南珠采捞、养殖及商贸的历史。其中，绪论对南珠的定义进行了界定，对南珠历代进贡朝廷、南珠商贸活动的形成、南珠文化的内涵、南珠文化与海上丝绸之路的关系等问题进行了论述，并且对前人研究南珠的成果进行了系统的介绍和述评。第一章从出土文物和历史文献论述了先秦两汉到民国时期南珠采捞的历史变迁。第二章考证了古代采珠海域和相关珠池的具体位置。第三章论述了北部湾沿海珠民的多神崇拜、祭祀活动及其产生的原因。第四章论述了南珠的采捞、商贸及其对经济社会的影响。第五章考证了历代对南珠的采捞及其对海洋生态环境造成的破坏和影响。第六章把南珠养殖的历史分阶段进行了研究，并且对改革开放以来，特别是21世纪以来南珠养殖与相关产业发展的情况进行了比较全面的论述。第七章研究了有关南珠的种种传说及其传承与发展。第八章是对与南珠有关的古代有代表性的诗、文、赋、疏及碑刻进行了考证和分析。第九章就南珠文化资源的开发现状和提升进行了调查研究。附录部分还收录了几篇关于南珠历史文化研究的论文，分别考证了汉唐之际合浦地区采珠业的发展、明代白龙珍珠城的建立及采珠活动、明朝几位皇帝对采办南珠的态度和《天工开物》记载的明代合浦采珠的历史及其价值等。

随着时代的更迭、社会的发展，合浦南珠的知名度慢慢下降，南珠的养殖量也逐渐下滑。与之相随的是，合浦南珠文化需要传承与扩展，人工养殖技术还需要进一步提升。地方政府应该采取相应措施，重视和继续擦亮“合浦南珠”这张名片。本书对具有地方特色，且与中国古代史、世界古代史密切相关的南珠历史文化进行了深入研究，有助于人们重新认识古代合浦和以合浦为始发港的海上丝绸之路在中国乃至世界上的重要地位，有助于人们进一步认识千年南珠及南珠文化所蕴含的丰富的历史、文化和旅游开发价值，更有助于提升南珠文化品牌，重振南珠产业。希望合浦南珠的研究可以加深、推动海上丝绸之路的研究，增强文化认同感，为北海建成国际滨海旅游度假胜地服务。

廖国一

2021年12月20日

廖国一，教授，博士生导师，广西师范大学泛北部湾区域研究中心主任。中国人类学学会常务理事，广西民族研究学会副会长。

目　录

绪论

珍珠是产生于珍珠贝类等软体动物体内，由珍珠贝类外套膜的一部分细胞所分泌的壳角蛋白和碳酸钙结晶围绕一个核心重叠沉积而成的物体。由于珍珠层是由角质和文石晶体垂直层面重叠排列而成，因此在光线照射下，波长不一样，形成了珍珠特有的柔和且带彩虹色彩的光泽。珍珠的颜色以白色为主，也有一些为粉红色、浅黄色、浅蓝色等。珍珠既可作为首饰佩戴，是身份、财富和地位的象征，被称为珠宝皇后，又具有治病健身和美容养颜的药用价值。

合浦一带的近陆海域，港湾多，海滩多，河流多，风浪小，水质好，海水咸淡适宜，浮游生物和藻类丰富，年平均水温在15～25℃，自古以来就适宜马氏珍珠贝等珍珠贝类的生长，因此这里的古代先民很早就开始采捞珍珠，所产的珍珠名闻中外。围绕珍珠的采捞，在合浦沿海一带还形成了丰富的神灵崇拜和祭祀活动。自先秦以来，今合浦一带的采珠活动，是北部湾海洋文化的重要组成部分。但是，随着秦汉实现了全国的大一统，人们对珍珠的需求量越来越大，多次出现了滥采活动，给北部湾的海洋生态环境造成了严重的破坏。

南珠细腻器重、玉润浑圆，瑰丽多彩、光泽经久不变，素有“东珠不如西珠，西珠不如南珠”的说法。南珠产于广西沿海、雷州半岛等地，以广西合浦出产的珍珠为南珠的上乘品，历代皆誉之为“国宝”。

南珠有广义和狭义之分。

广义的南珠最早或指北部湾近陆海域所产的珍珠。唐代马总《意林》载：“必须南国之珠而后珍。”[①]唐代诗人李白：“相逢问愁苦，泪尽日南珠。”[②]可见，“日南珠”和“南国之珠”或泛指岭南地区所产的珍珠。明末清初屈大均《广东新语》载：“南珠自雷、廉至交趾，千里间六池，出断望者上，次竹林，次杨梅，次平山，至汗泥为下，然皆美于洋珠。”[③]屈大均认为，从雷州、廉州至交趾大片海域所产的珍珠都可以称为南珠。在我国的两广、海南沿海一带的北部湾海域，采捞

① 马总著，王天海、王韧校释《意林校释》卷五，中华书局，2014，第542页。

② 李白：《李白全集编年笺注》卷四，中华书局，2015，第319页。

③ 屈大均：《广东新语》卷十五《货语》，中华书局，1985，第414页。

珍珠的历史非常悠久。这一海域所产的珍珠，被统称为南珠。①

狭义的南珠特指合浦县所产的珍珠。南珠作为合浦珍珠的专有名词，源于《广东新语》载："合浦珠名曰南珠，其出西洋者曰西珠，出东洋者曰东珠。东珠豆青白色，其光润不如西珠，西珠又不如南珠。"②合浦珠质量上乘，远超其他珍珠。《人民日报》亦有报道："南珠产于广西沿海、广东雷州半岛等地，而以广西合浦出产的品质最为上乘。"③黄家蕃等人亦认为，说到南珠，合浦最有资格成为它的故乡，从合浦的古代光辉灿烂的产珠历史来说，"珠乡"之誉亦是当之无愧。④可见，合浦珍珠因质量上乘、历史悠久等优势渐渐成为南珠的代表和专有名词。

一、南珠作为奇珍异宝，历代进贡朝廷

大约在商周时期，南珠已为中原人认识和利用。《逸周书·王会解》载："正南瓯、邓、桂国、损子、产里、百濮、九菌，请令以珠玑、瑇瑁、象齿、文犀、翠羽、菌鹤、短狗为献。"⑤珠玑即珍珠，在商代已作为朝贡物品进献商王。

秦汉以来，历代文献对合浦出产的珍珠多有记载。《淮南子·人间训》载，秦始皇"利越之犀角、象齿、翡翠、珠玑，乃使尉屠睢发卒五十万为五军"，发动了统一岭南的战争。获得珍珠等岭南特产之利，可能是秦朝发动战争、统一岭南的一个重要因素。

1983年，在广州发现了南越王赵眜之墓。墓中除了出土青铜器、玉器等文物1000多件套，还出土了大量的珍珠。根据广州西汉南越王博物馆2018年展示的南越王墓出土的珍珠文字说明，可知墓主南越王头枕丝囊珍珠枕，口含丝绢包裹的珍珠团，丝织物已朽，仅存珍珠400多克。在墓主头箱的漆盒里还发现数千粒残存的

① 杨泽平：《明清时期"南珠"、"东珠"初探》，广东省社会科学院博士论文，2014。

② 屈大均：《广东新语》卷十五《货语》，中华书局，1985，第414页。

③ 黄革：《"南珠之乡"——广西合浦》，《人民日报》（海外版），2003年6月11日。

④ 黄家蕃、谈庆麟、张九皋：《南珠春秋》，广西人民出版社，1991，第4页。

⑤ 黄怀信：《逸周书校补注译（修订本）》，三秦出版社，2006，第333页。

珍珠，重达4117克，“颗粒不大，重数斤，似南海产”[①]。南越王墓出土的这批珍珠，可能来自南越国境内的合浦或者今海南岛的珠崖这两个地方。根据文献记载，汉代合浦产珍珠较多，又有“珠还合浦”的汉代传说，因此南越王墓出土的这批珍珠产自合浦的可能性更大。

汉武帝元鼎六年（公元前111年），汉朝平定南越国，设立了合浦郡。秦汉统一岭南以后，中央王朝对珍珠需求量增大，掀起了第一次采捞和进贡珍珠的高潮。两汉时期，合浦出现了频繁采珠、竭泽而渔的现象，海洋生态环境受到了很大的破坏，出现了所谓珍珠的“迁徙”活动。《后汉书·循吏列传》载，合浦郡“先时宰守并多贪秽，诡人采求，不知纪极，珠遂渐徙于交阯郡界。……尝到官，革易前敝，求民病利。曾未逾岁，去珠复还”[②]。这就是著名的“珠还合浦”的传说。此处的“尝”即孟尝，东汉时担任合浦太守，为人清廉开明，所以才使原来“迁徙”到交趾的珍珠，回到了合浦。

唐朝也出现过滥采珍珠的情况，导致珍珠数量大大减少。宁龄先在《合浦还珠状》中说：“合浦县海内珠池，自天宝元年以来，官吏无政，珠逃不见。”[③]这是官吏贪婪、滥采珍珠和珍珠几乎灭绝的真实写照。

宋元明时期，继续在合浦采捞和进贡南珠。其中，明中后期是珍珠采捞和进贡最鼎盛的时期。明朝大规模采珠活动高达20多次，耗费了大量的人力、物力和财力。弘治和万历年间的两次滥采，是灭绝性的。据《明史·食货志》的统计，弘治十二年（1499年）获珠最多，计二万八千两，花费了一万多两银子。

1956—1958年，考古学家对北京明十三陵中的定陵进行了发掘。定陵是明神宗万历皇帝的陵墓，陵中还同葬有孝端和孝靖两位皇后。在定陵中出土了大量的金银、玉石、漆器和丝织品、钱币等，还出土了大量的珍珠和镶嵌珍珠的精美器物。其中与珍珠有关的特别重要的文物是四顶凤冠，多以金玉和珍珠为镶嵌装饰，分属孝端皇后和孝靖皇后，每人各两顶。属于孝端皇后的两顶凤冠，一顶为“九龙九

① 广州象岗汉墓发掘队：《西汉南越王墓发掘初步报告》，《考古》1984年第3期。

② 范晔：《后汉书》卷七十六《循吏列传》，中华书局，1965，第2473页。

③ 周绍良：《全唐文新编》第2部第4册，吉林文史出版社，2000，第5109页。

凤冠”，冠上饰金龙九、翠凤九，嵌红、蓝宝石115块，嵌珍珠4414颗；另一顶为“六龙三凤冠”，上饰金龙六、翠凤三，嵌红、蓝宝石128块，嵌珍珠5449颗。属于孝靖皇后的两顶凤冠，一顶为“十二龙九凤冠”，冠上饰金龙十二、翠凤九，嵌红、蓝、绿、黄宝石121块，嵌珍珠3588颗；另一顶为“三龙二凤冠”，冠上饰金龙三、翠凤二，嵌红、蓝宝石95块，嵌珍珠3426颗。[①]这四顶明朝皇后的凤冠，造型庄重，制作精美，冠上嵌饰龙、凤、珍珠和宝石等，珠光宝气，富丽堂皇，具有很高的艺术价值。在定陵出土的万历皇帝的首饰、冕冠、翼善冠、皮弁等物品上和孝端、孝靖两位皇后的大批首饰中，也有不少是镶嵌珍珠的。除镶嵌的珍珠外，还发现了大批放在随葬箱子、袋子中的珍珠[②]。而已经残朽的珍珠，不便计数。在一座墓葬中发现数量这样巨大的珍珠，国内外罕见。关于定陵出土的这些珍珠的产地，定陵的发掘者认为是采自广东。[③]然而，这里所说的“广东”，很可能就是指1955年至1965年属于广东省管辖的合浦县。合浦在1965年才划属广西钦州专区。[④]定陵发掘的时间是1956—1958年，那时合浦属广东省，因此，发掘者把定陵出土珍珠的产地合浦写成广东，应是正确的。从诸多明朝文献对合浦采珠的记载来看，定陵出土的珍珠，大部分应该是来自合浦的南珠。

明朝从英宗至世宗、神宗时期，采珠的数量逐年增加，并且派官监守，荼毒人民，甚至达到了“虽易以人命，珠亦不可得矣”（《明世宗实录》卷一〇四）的程度。万历时期，朝廷大肆采办金珠宝石，费以巨万，导致内府库藏匮竭，影响到了国家财政。明天启年间，珠池太监专权虐民，造成合浦珠螺“遂稀，人谓珠去矣”（民国《合浦县志·事纪》）。明朝末年以后至清朝、民国期间，大规模的采珠活动未见再有记载。虽然清乾隆时期官方采珠活动一度悄然兴起，但是由于无珠可采，收效不大。说明由于海洋生态环境长期被破坏，影响了南珠生长，使南珠濒临灭绝。

---

① 中国社会科学院考古研究所等：《定陵：上》，文物出版社，1990，第203-206页。

②《定陵》附表三三“珍珠登记表”珍珠出土情况：器号X26：7，110颗，重2.7克，位于二十箱内；编号X14：25，珍珠30颗，3克，位于十四箱内。编号D180，一包，14.2克，位于孝端后棺内西端南侧，残碎；D184，一包，14.2克，孝端后棺内西端北侧，残碎。见中国社会科学院考古研究所等：《定陵：上》，文物出版社，1990，第311页。

③ 中国社会科学院考古研究所等：《定陵：上》，文物出版社，1990，第203页。

④ 合浦县志编纂委员会：《合浦县志》，广西人民出版社，1994，第47页。

二、南珠商贸活动的形成，带动了地域经济的发展

珍珠作为一种美观、实用的珍稀物品，具有重要的经济价值。汉代，合浦郡就已经形成了买卖珍珠的商贸活动。《后汉书·循吏列传》载："尝（孟尝）迁合浦太守，郡不产谷实，而海出珠宝，与交趾比境，常通商贩，贸籴粮食。"汉代合浦珍珠生产兴盛，可以在市场上用珍珠交换粮食，促进了商品交换。也有不少人靠买卖合浦珍珠而致富。《汉书·地理志》载："（粤地）处近海，多犀、象、毒冒、珠玑、银、铜、果、布之凑，中国往商贾者多取富焉。"这反映了汉代中原地区的商人前来合浦等地，通过买卖珍珠等土特产而致富的事实。《汉书·王章传》载，王章（西汉京兆尹，主管今西安及其附近地区）死后，"妻子皆徙合浦。大将军凤薨后，弟成都侯商复为大将军辅政，白上还章妻子故郡。其家属皆完具，采珠致产数百万"。此段史料记载的是西汉成帝时期，王章家属被从北方流放到合浦郡，靠采珠买卖获得了巨大的财富。

合浦珍珠贸易的繁荣，出现了以珍珠买卖为主的圩市。南朝任昉在《述异记》中载："越俗以珠为宝，合浦有珠市。"宋元时期，在廉州设采珠市舶司，官营珠市正式开始。除官营珠市外，珍珠的民间贸易也很繁荣。据清光绪年间周广等辑《广东考古辑要》载："城西岸有阜民圩，商铺和民居约40多家，居民约300多人。圩集南端有珍珠专卖市场，珍珠商铺30多家，露天的珍珠摊多达40档。"可见民间珠市贸易与民生息息相关。

《广东新语》记载："东粤有四市……一曰珠市，在廉州城西卖鱼桥畔。"其中，廉州即合浦。该珠市在廉州城西卖鱼桥畔，每当贸易繁盛的时候，蚌壳堆积，像一座玉山。南珠作为合浦沿海珍稀的海产，其采捞与商贸的繁荣也带动了合浦和周边地区经济的发展。由于珍珠商贸活动的发展，古代合浦出现了"采珠（珍珠）—成市（珠市）—引丝（通过南流江引进中原丝绸）—开路（贸易商路）—建港（始发港）"等海上丝绸之路贸易元素，积淀了"珠、市、丝、路、港"等深厚的海上丝绸之路文化内涵。在此基础上从汉代合浦郡开始就形成了南珠文化、郡县

文化、海商文化、南传佛教文化、海上丝绸之路始发港文化等丰富的内容。

20世纪50年代末以后，南珠的养殖和产业化取得过辉煌的成绩，也经历过诸多失败的痛苦，走过了一条曲折起伏的发展道路。历史的经验值得总结和思考，如何保护和利用好南珠这一重要品牌，实现南珠生产的高质量、可持续发展，是摆在人们面前的重要课题。

三、千百年历史积淀，形成了内涵丰富的南珠文化

南珠文化包括物质文化遗产和非物质文化遗产。明代白龙珍珠城、古代珠池、太监墓、各种碑刻、出土珍珠和珍珠贝壳等，是重要的物质文化遗产。南珠也形成了多姿多彩的非物质文化遗产，包括珠民的民间信仰、戏剧、传说故事、珍珠相关的诗词文赋疏及碑刻、南珠养殖和加工技艺等。其中，《珠还合浦》《割股藏珠》等就是流传广泛、内涵丰富、富于地方特色的传说故事。南珠文化是北部湾海洋文化的重要组成部分，具有重要的价值。

历代保存下来的与南珠有关的诗词文赋疏及碑刻等较为丰富，成为研究南珠历史文化的重要文献史料。从南朝开始，历代的文献均记述有南珠及人们对南珠的认识。这些文献也是我们认识南珠文化、弘扬南珠历史文化的重要载体，需要人们去研究、继承和发扬光大。

西晋陶璜《上言宽合浦珠禁》一文载："合浦郡土地硗确，无有田农，百姓唯以采珠为业，商贾去来，以珠贸米。而吴时珠禁甚严，虑百姓私散好珠，禁绝来去，人以饥困。又所调猥多，限每不充。今请上珠三分输二，次者输一，粗者蠲除。自十月讫二月，非采上珠之时，听商旅往来如旧。"[①]此文是陶璜在上任武昌都督时，向晋武帝司马炎递交的关于合浦珠业的书。全文论述了由于合浦农业不发达，百姓以采珠易米为生，而吴时为防止百姓私散好珠，禁绝商旅，导致饥民增多

① 房玄龄等：《晋书》卷五十七《列传第二十七·陶璜》，中华书局，1974，第1561页。

的状况。最后陶璜提出了新的珠禁，具体规定了采珠时间、商贸时间等。司马炎批示“并从之”，即开放珠池，让珠民能采珠为生。此文反映了封建统治者对珍珠生产和商贸的重视。

现存明代《宁海寺记碑》，主要记载钦差内臣杨得荣奉命守珠池，并修建宁海寺用于祭祀，对研究明朝采珠制度和信仰习俗，具有参考价值。[①]

四、南珠文化与海上丝绸之路息息相关

具有独特价值和优良品质的南珠，与南海及周边地区出产的象牙、犀角、海贝、玳瑁、宝石等物品一起，成为历代中央王朝统治者、商人、文人墨客向往合浦的吸引物，促进了合浦与中原内陆的联系，也促进了古代东南亚、南亚和西亚等地的使者、商人通过合浦港和中国交往。

南珠的进贡和商贸，使得从中原内陆—灵渠—漓江—桂江—西江—北流江—南流江—合浦港水路的开通，也促进了合浦港—日南（今越南中部）—都元国（今印度尼西亚）—邑卢没国、谌离国和夫甘都卢国（今缅甸）—已程不国（今斯里兰卡）—黄支国（今印度）等地海上丝绸之路的形成。合浦和海外出产的珍珠等物产，大都是通过海上丝绸之路和合浦港输送到中原内陆的。合浦始发港和海上丝绸之路的开通，促进了经济文化交流，扩大了合浦和南珠的影响力，促进了向海经济的发展和地域文化的形成。

古代珍珠进贡不仅来自合浦，还有部分来自东南亚等域外地区。《明太宗实录》记录了永乐四年（1406年），两个国家派遣使者来明朝进行朝贡，其中“爪哇国西王都马板遣使陈惟达等，来朝贡珍珠、珊瑚、空青等物”，“娑罗国王遣使勿黎都等，来朝贡珍珠等物”。[②]这一记载，说明了统治者对珍珠的向往，影响到了域外地区，而海上丝绸之路的存在，为外国珍珠等物品进入中国提供了渠道和便利。

① 北海市地方志编纂委员会：《北海史稿汇纂》，方志出版社，2006，第564-565页。

②《明太宗实录》卷六十二，“中央研究院”历史语言研究所校印本，1931，第889页。

近几年来，国内外出现了一股“海上丝绸之路热”，合浦南珠再次进入人们的视野。过去被当作珍贵贡品的合浦南珠，在被人们越来越重视的同时，更多的商业价值与文化价值也被发掘出来。史料记载和白龙城考古发现，都反映出合浦南珠在古代合浦经济和社会的重要地位。通过对合浦南珠的研究，可以促进和推动地方史的研究。如今人工养殖珍珠已经渐成气候，能够促进合浦地区经济良性发展，有望重现合浦南珠的辉煌。随着对海上丝绸之路研究的日益重视，古合浦港作为海上丝绸之路的始发港之一，使得环北部湾地区，特别是合浦历史文化的研究力度得到了极大的提升。同时，使得极具合浦特色的南珠引起越来越多学者的关注，推动了合浦南珠文化的发展。笔者检索和查阅了有关合浦南珠采捞、商贸的历史文献资料，具体如下。

廖国一的《环北部湾沿岸历代珍珠的采捞及其对海洋生态环境的影响》一文阐述了历代的采珠活动和采捞方法，并且论述了北部湾区域的先民们围绕着南珠采捞活动，产生了多神崇拜和祭祀活动。但是，随着历史的变迁，南珠采捞的一系列活动也给北部湾的海洋生态环境造成了破坏性的影响。①

曲明东的《明代珠池业研究》一文认为，在明代，采珠活动达到了鼎盛时期，已经演变成了一个特殊的官办行业——珠池业。文章以明代采珠活动为中心，结合当时具体的行政和财政管理制度，对明代珠池业的运行进行了系统的论述，最后还揭示了奢侈品生产的本质。②

谭启浩的《明代广东的珠池市舶太监》一文认为，明代中期，广东首设的珠池市舶太监，与市舶制度的变化有关，并且从珠池市舶太监的设置与裁革、机构与职责来分析明政府对采珠活动的管理。③

廖晨宏的《古代珍珠的地理分布及商贸状况初探——以方位称名的珍珠为例》一文对古代珍珠的地理分布及其商贸和管理方面的政策做了初步的探讨。④

---

① 廖国一：《环北部湾沿岸历代珍珠的采捞及其对海洋生态环境的影响》，《广西民族研究》2001 年第 1 期。

② 曲明东：《明代珠池业研究》，华南师范大学硕士论文，2005。

③ 谭启浩：《明代广东的珠池市舶太监》，《海交史研究》1988 年第 1 期。

④ 廖晨宏：《古代珍珠的地理分布及商贸状况初探——以方位称名的珍珠为例》，《农业考古》2012 年第 1 期。

高伟浓的《合浦珠史杂考》一文从珠池的历史变迁与史籍中所见的采珠方法、历代官私采珠概况及珠民的处境三方面来论述合浦采珠史，特别论及了明代合浦采珠业的情况。[①]

何芳东的《采珠业的发展与合浦古代海上丝绸之路的开辟》一文认为，采珠业的发展促进了古代合浦地区经济社会的发展，并与中原先进文化不断交流融合，激发“向海意识”，推动了合浦古代海上丝绸之路的开辟与繁荣。[②]

翁路的《从商汤诏贡到合浦珠市——合浦珠市在海上丝路始发港文化商贸交流中的聚集作用》一文从古代珠市贸易的途径、合浦珍珠的传说与文化内涵、由珍珠发展而制定的产业政策等方面进行分析，反映了合浦珠市的繁荣。[③]

吴水田、陈平平的《刍议清代之前岭南疍民珍珠采集的时空演变》一文认为，古代岭南疍民采集珍珠的方式经历了由传统直接捞取到透气管法的演变。在合浦，从唐代至明代一直设置有官府的管理机构，珍珠资源分布与制度文化有密切关系。[④]

范玉春的《明代北部湾北部滨海地区的社会环境与经济发展》一文论述了明政府对北部湾北部滨海地区的政治、军事管控手段进行了调整，对当地经济发展产生了深刻的影响。文章还从珍珠采集与商业角度出发，阐述了北部湾地区特色经济的发展。[⑤]

徐杰舜的《南珠文化浅议》一文认为，南珠就是合浦珍珠，并且在历史发展的过程中形成了历史悠久、内涵丰富的南珠文化。[⑥]

廖国一的《环北部湾沿岸珍珠资源的开发利用和保护》一文认为，在沿海经济迅速发展的今天，应重视环北部湾沿岸珍珠文化资源的保护，以使南珠得到更好的

① 高伟浓：《合浦珠史杂考》，《岭南文史》1987年第2期。

② 何芳东：《采珠业的发展与合浦古代海上丝绸之路的开辟》，《社科纵横》2019年第8期。

③ 翁路：《从商汤诏贡到合浦珠市——合浦珠市在海上丝路始发港文化商贸交流中的聚集作用》，《文史春秋》2017年第6期。

④ 吴水田、陈平平：《刍议清代之前岭南疍民珍珠采集的时空演变》，《农业考古》2014年第3期。

⑤ 范玉春：《明代北部湾北部滨海地区的社会环境与经济发展——以廉州府为视域》，《钦州学院学报》2018年第2期。

⑥ 徐杰舜：《南珠文化浅议》，《学术论坛》2000年第1期。

开发和利用。①

邓兰的《白龙珍珠城古碑考》一文认为，明洪武初年，在白龙筑城，设官镇守珠池，通过分析《宁海寺记碑》《黄爷去思碑》《李爷德政碑》等，可以看出明代采珠太监镇守珠池后的贪婪无耻行为与当时的采珠活动状况。②

牛凯、周金妊、陈刚的《白龙城考略》一文通过研究分析认为，合浦营盘的白龙城不仅是明清时期钦州、廉州、雷州海域的海防重地，而且是明代重要的采珠管理场所。③

曲明东的《明朝采海珠初探》一文认为，在明代，采珠活动十分兴盛，当时的封建政府加大了对采珠活动的管理，设立了珠池太监守珠池。在封建社会，由于不顾珍珠的自然生长规律，无限制地采珠，对珠贝资源造成了极大的破坏。④

综合前人的研究现状，可以看出，近几十年来学者对合浦南珠的研究主要集中在珍珠采捞的历史、珍珠的美学价值、珍珠产业、人工养殖、珍珠文化等方面。许多专家学者对合浦南珠采捞与商贸的研究大多从各个朝代的采捞演变与商贸方式、珍珠文化及其产业、珍珠养殖、生态环境、社会变迁等方面出发，并且探讨它们的发展与发展过程中面临的一系列问题及其原因等。部分学者分析了合浦南珠采捞与商贸在发展的过程中，随着时代的进步和社会的发展所发生的极大变化。有些研究对珍珠采捞的研究过于笼统，对整个采珠活动的过程论述不够具体，对古代合浦珍珠的官方贸易与民间贸易的探讨也比较简单。目前学术界对自古至今合浦南珠历史文化的全面、系统研究成果还比较少。因此，通过对前人关于合浦南珠的研究现状进行分析，本书比较全面、系统地研究合浦南珠历史文化，并且结合当时的人文社会环境与生态环境，来进行深入探讨。

---

① 廖国一：《环北部湾沿岸珍珠资源的开发利用和保护》，《广西民族研究》2002 年第 3 期。

② 邓兰：《白龙珍珠城古碑考》，《广西社会科学》2003 年第 5 期。

③ 牛凯、周金妊、陈刚：《白龙城考略》，《广西地方志》2019 年第 3 期。

④ 曲明东：《明朝采海珠初探》，《达县师范高等专科学校学报》2004 年第 3 期。

第一章

南珠采捞的历史变迁

合浦采捞南珠的历史悠久。在历史上，南珠的采捞方法多种多样，围绕南珠的采捞活动，产生了独具特色的多神崇拜和祭祀活动。随着历史的发展，南珠采捞的次数、规模和产量也逐渐增加，采捞的海域不断扩大，给当地的海洋生态环境造成了破坏性的影响。

一、先秦两汉时期

环北部湾沿岸及附近地区自古以来就有人类居住。在广西灵山县（1965年6月26日起由广东划归广西管辖）东胜岩等地发现了头骨碎片、牙齿等旧石器时代晚期人类的化石。[①]此外，在环北部湾沿岸地区也相继发现了几处数千年前的新石器时代的贝丘遗址。这些贝丘遗址是以富含古代人类食余抛弃的海生贝壳和蚌壳为特征的文化遗址，其中以20世纪50—60年代在广西防城港市发现的亚菩山、马兰嘴山、杯较山三处新石器时代的贝丘遗址[②]最为有名。在这三处遗址中发现了采蚝用的石器"蚝蛎啄"204件、石网坠38件、蚌铲1件、蚶壳网坠19件和蚌环1件。遗址中还发现了多件可用于剖贝的石斧，以及大量的文蛤、魁蛤、牡蛎等海洋动物的贝壳和鱼骨、龟壳等。考古工作者在岭南地区发现了距今三四千年的贝丘遗址。例如，广东东莞村头商代贝丘遗址除堆积层中发现大量贝壳外，还发现了用贝壳制成的蚌环。[③]在广西北海市铁山港区营盘镇白龙社区，也发现了牛屎环塘新石器时代贝丘遗址。

数千年前，岭南先民打开贝类动物的外壳以食其肉，而珍珠正是由一些贝类分泌的珍珠质形成的结晶体。因此，岭南先民极有可能发现和利用珍珠。值得一提的是，珍珠的主要成分为碳酸钙、有机物及水分，易分解挥发，难以保存。这些被岭南先民发现和利用的珍珠很可能因材质问题在经历数千年后没有得以保存至今，但

① 顾玉珉：《广东灵山洞穴调查报告》，《古脊椎动物与古人类》1962年第6卷第2期。
② 广东省博物馆：《广东东兴新石器时代贝丘遗址》，《考古》1962年第12期。
③ 广东省文物考古研究所、东莞市博物馆：《东莞村头遗址第二次发掘简报》，《文物》2000年第9期。

是数量众多的贝丘遗址同样可以佐证先秦时期岭南地区盛产珍珠。

以上这些考古发现，表明了远古时候环北部湾沿岸的原始先民曾经以采蚝、捕鱼和狩猎为生，并兼营农业。如前所述，由于珍珠生长在海洋贝壳动物的体内，因此可以推测数千年前环北部湾沿岸的原始先民在经常使用“蚝蛎啄”、石斧等工具开启文蛤、魁蛤等海洋贝类动物的外壳采食其肉时，就有剖出珍珠以及认识和食用珍珠的可能。

商周以来，珍珠进一步被人们认识和利用，环北部湾出产的珍珠甚至被列为贡品。史书上多次记载了先秦时期中央王朝要求岭南地区方国进贡南珠。《尚书大传·夏书·禹贡》载：“夏成五服，外薄四海。……南海，鱼革、珠玑、大贝。”[①]《说文解字·玉部》载，“珠，蚌之阴精，从玉朱声”，“玑，珠不圜也，从玉几声”。[②]这里的“珠玑”，泛指珍珠。古人很早就知道珍珠有圆形和不规则形状两种，把圆形的叫珠，不规则形状的叫玑。说明或早在夏时，珍珠已被列为岭南进贡的贡品。《逸周书·王会解》载，商代初期，成汤要求四方诸国根据当地特产进行贡献，伊尹受成汤之命，为四方献令，其中对南方诸国的要求是：“正南瓯、邓、桂国、损子、产里、百濮、九菌，请令以珠玑、瑇瑁、象齿、文犀、翠羽、菌鹤、短狗为献。”[③]一般认为《逸周书·王会解》中记载的大部分方国是先秦时期岭南地区的方国实体。这里的“瓯”即战国秦汉时期分布在广西境内的民族西瓯族；“桂国”的地望，在此或是指广西地区。春秋战国时期，从岭南流入中原的南珠多被制成装饰品，供贵族使用。《绎史·晏子相齐》载：“景公为履……饰以银，连以珠。”[④]齐景公的鞋子用珍珠做点缀。《史记·春申君列传》载：“春申君客三千余人，其上客皆蹑珠履以见赵使。”[⑤]春申君的门客亦以珍珠作为鞋子的装饰品。

秦朝统一六国以后，秦始皇派遣五十万大军南下统一了岭南地区，设立了桂林

---

① 皮锡瑞：《尚书大传疏证》，中华书局，2015，第 103-104 页。

② 许慎：《说文解字》，中华书局，1963，第 13 页。

③ 黄怀信：《逸周书校补注译（修订本）》，三秦出版社，2006，第 333 页。

④ 马骕：《绎史》，中华书局，2002，第 1632 页。

⑤ 司马迁：《史记》，中华书局，1982，第 2395 页。

郡、南海郡和象郡。《淮南子·人间训》载秦始皇“利越之犀角、象齿、翡翠、珠玑。乃使尉屠睢发卒五十万，为五军”[①]，开始了统一岭南的战争。《淮南子》一书把秦始皇统一岭南的动机认为是攫取珍珠（珠玑）等土特产的观点未必正确，但至少可以说是其统一岭南的重要原因之一。

《汉书·武帝纪》载汉武帝：“遂定越地，以为南海、苍梧、郁林、合浦、交阯、九真、日南、珠厓、儋耳郡。”应劭注：“出真珠，故曰珠厓。”[②]真珠，即珍珠。西汉时期，汉武帝设立的岭南九郡中的珠厓郡和合浦郡因盛产珍珠而得名，成为汉代采捞珍珠的两个主要基地。珠厓郡是汉武帝平定南越王国以后，于元封元年（公元前110年）设置，其辖境相当于今海南岛东北部地区。合浦郡亦是汉武帝平定南越王国以后于元封元年（公元前110年）设置，其辖境相当于今广西合浦、北海、钦州、灵山、浦北、博白、陆川及广东的徐闻、遂溪、湛江等县市。[③]《后汉书·循吏列传》记载合浦郡“尝（孟尝）迁合浦太守，郡不产谷实，而海出珠宝，与交阯比境，常通商贩，贸籴粮食”[④]。这一记载说明汉代合浦一带珍珠的生产已经十分兴盛，因此才可用以在市场上交换粮食，以维护先民的生活。汉代合浦郡的经济还不是很发达，商品交换处于物物交换的状态，即以海产的天然珍珠交换当地缺乏的粮食，而没有使用货币这一媒介。不少外地商人，主要是来自中原地区的商人，通过以粮食交换珍珠，往往得以致富。《汉书·地理志》载：“粤地……处近海，多犀、象、毒冒、珠玑、银、铜、果、布之凑，中国往商贾者多取富焉。”[⑤]珍珠即南珠，形小易藏，数量甚稀，价值又大，既适合做首饰，又可药用，故是商人们喜欢得到的商品，很多人也因此致富。

《汉书·王章传》载，汉成帝时司隶校尉王章开罪大将军王凤，死于狱中，妻、子徙合浦，其家属“采珠致产数百万”[⑥]。汉代合浦珍珠采捞，主要由朝廷控

---

① 刘安等著，许匡一译注《淮南子全译》，贵州人民出版社，1993年，第1105页。

② 班固：《汉书》卷六《武帝纪》，中华书局，1962，第188页。

③ 谭其骧：《中国历史地图集》第二册《秦·西汉·东汉时期》，中国地图出版社，1982，第35-36页。

④ 范晔：《后汉书》卷七十六《循吏列传》，中华书局，1965，第2473页。

⑤ 同②，卷二十八《地理志》，第1670页。

⑥ 同②，卷七十六《赵尹韩张两王传》，第3239页。

制，官府往往在当地的交通要道上设关盘查，私人不得贩运珍珠。西汉《古列女传·珠崖二义》载："法，内珠入于关者，死。"[①]从这一事例来看，汉代合浦郡的珍珠贸易是受官府限制的。而当地的贵族，可能被允许使用珍珠了。

2020年，广西北海市博物馆和广西师范大学文物与博物馆专业的相关研究人员对位于北海市铁山港区兴港镇谢家村委谢家村麻丝岭的贝丘遗址进行了实地调查。遗址东北距古河道约350米，分布面积约1000平方米。遗址现已被挖成虾塘，虾塘周边发现有大量贝壳堆积。残存的贝壳堆积宽约1.6米、厚0.8米，包括珍珠贝、车螺等。贝壳间夹杂有方格纹陶片，为罐、壶类的残片。采集的方格纹短颈硬陶罐片和弦纹硬陶壶片具有西汉时期风格特征，初步推断该遗址为汉代贝丘遗址。[②]这一发现反映了汉代已经有人在这一带居住，并且开始在近海采珠、拾贝、捕鱼等。

20世纪70年代以后，合浦、北海等地常有汉代贵族墓被发现。由于珍珠易溶于酸、碱，而当地土壤又以潮湿、高温的酸性红壤为主，因此在汉墓中很少发现珍珠。1983年10月，在广州发掘的南越王墓中除了出土有大批青铜器、玉器、陶器等，还出土了不少珍珠。据《西汉南越王墓发掘初步报告》的介绍，该墓的主人被置于主室正中稍偏西处，葬具一棺一椁，外椁头端平叠六件大玉璧，玉璧下有盛满珍珠的漆盒。珍珠颗粒不大，重数斤，"似南海产"[③]。西汉前期，合浦一带属于南越王国的管辖范围，南越王墓出土的大量珍珠，应当来自合浦地区。从相关的文献记载来看，合浦郡是汉朝珍珠最重要的产地。

先秦两汉时期采捞珍珠的方法，因为缺乏文献记载，我们无法了解其全貌。《艺文类聚》卷八十四引杨孚《异物志》载："乌浒，南蛮之别名，巢居鼻饮，射羽取毛，割蚌求珠为业。"[④]从此记载来看，这一时期的采捞方法，大多是由采珠人潜入浅海中捞取珠蚌以剖蚌取珠。此外，在浅海滩上拣拾珠蚌，也应是这一时期的采珠方法。海水受月球引力的影响，在海岸形成了定时的涨潮和退潮变化，这

① 刘向：《古列女传》，张涛译注，山东大学出版社，1990，第195页。

② 该资料由北海市博物馆陈启流提供。

③ 广州象岗汉墓发掘队：《西汉南越王墓发掘初步报告》，《考古》1984年第3期。

④ 欧阳询：《艺文类聚》卷八十四，汪绍楹校，上海古籍出版社，1982。

就是潮汐。退潮过后，人们在浅滩可以拣拾到大量的珠蚌。如今每当大海退潮，合浦、北海沿海的渔民，就挑着竹篮、网兜等工具，到海滩拣拾珠蚌、文蛤等贝类，在剖开蚌壳取食其肉时，也常常发现颗粒较小的珍珠。

二、三国至宋时期

三国两晋南北朝时期，合浦一带继续采捞珍珠。三国时期，今合浦一带属吴国范围。万震《南州异物志》载："合浦民善游，采珠儿年十余岁，使教入水。官禁民采珠，巧盗者蹲水底刮蚌，得好珠，吞而出。"[①]这一记载说明当时也依赖潜水采珠法采珠。《晋书·陶璜传》载："合浦郡土地硗确，无有田农，百姓唯以采珠为业，商贾去来，以珠贸米。而吴时珠禁甚严，虑百姓私散好珠，禁绝来去，人以饥困。又所调猥多，限每不充。今请上珠三分输二，次者输一，粗者蠲除。自十月讫二月，非采上珠之时，听商旅往来如旧。"[②]这段文字反映的是三国两晋时期尤其是西晋合浦一带采珠业已经十分普遍，而这种状况，是交州刺史陶璜改变了孙吴时期的珠禁政策的结果。所谓珠禁，就是限制私人采捞和买卖珍珠。晋武帝时期实行比三国吴时期较为宽松的珠禁政策，陶璜规定：凡采得"上珠"要缴纳三分之二，较次的缴纳三分之一，"粗者"不征；每年农历十月至次年二月为非出产上珠的时间，这段时间可"听商旅往来如旧"。随着珍珠采捞业的扩大，到了南朝时期，在合浦也出现了买卖珍珠的固定场所——珠市。南朝梁任昉《述异记》卷上云："越俗以珠为上宝，生女谓之珠娘，生男谓之珠儿。……合浦有珠市。"[③]从这一记载看来，南朝时期，合浦一带是先秦两汉时期的骆越遗民所居，他们以采珠为业，并已有了珠市。珠市的出现，说明南朝的珠禁似较西晋的还宽松些。

到了隋唐时期，合浦的珠户已积累了比较丰富的采珠经验，并根据以往的经

①欧阳询：《艺文类聚》卷八十四，汪绍楹校注，明嘉靖天水胡缵宗刻本，上海古籍出版社，1981，第1438页。
②房玄龄等：《晋书》，中华书局，1974，第1561页。
③李昉等：《太平广记》，中华书局，1961，第3236页。

验，把某些海域称为“珠母海”。“珠母”即珠贝，“珠母海”即出产珠贝的海域。有关“珠母海”的文献记载，最早见于《旧唐书·地理志》。该书记载合浦“有珠母海，郡人采珠之所”[①]。晋刘欣期《交州记》载：“去合浦八十里有围洲，其地产珠。”故《旧唐书·地理志》记载的“珠母海”，一般认为是在今北海市涠洲岛海区。[②]唐代刘恂《岭表录异》载：“廉州边海中有洲岛，岛上有大池，谓之珠池。每年刺史修贡，自监珠户入池，采以充贡。池虽在海上，而人疑其底与海通。池水乃淡，此不可测也。……如豌豆大者，常珠也；如弹丸者，亦时有得；径寸照室之珠，但有其说，卒不可遇也。……肉中往往有细珠如粟粱。乃知珠池之蚌，随其大小，悉胎中有珠矣。”[③]唐代官府对采珠实行官营，垄断珠利，并将大的好珠作为贡品，用于进贡朝廷。唐代廉州的地域，大概相当于今合浦县、浦北县一带，包括今北海市。[④]因为在这一带沿海的岛屿，现在只有涠洲岛和斜阳岛，所以《岭表录异》中所载的洲岛，大概是指这两个岛或其中的涠洲岛，尤以涠洲岛的可能性更大。但这两个岛屿迄今未见珠池的遗迹，其原因是否为当地千百年来自然环境变迁，或是刘恂记载有误，尚待进一步考证。但不管怎样，其主要产区当在今合浦县、北海市一带。唐代，今合浦县、北海市一带的沿海居民在前代的基础上，已经把某些海域作为采珠的重点地区，应是事实。除合浦郡外，今海南岛东北部的崖州珠崖郡也采珠，并把珍珠作为贡品。《新唐书·地理志》载：“崖州珠崖郡，下。土贡：金、银、珠、玳瑁、高良姜。”[⑤]随着采珠业的发展，“南珠”一名也开始出现，唐代马总《意林》首先记载“南珠”，称“得昆山之玉而后宝，则荆璞无夜光之美；必须南国之珠而后珍，则隋侯无明月之称”[⑥]，“南国之珠”即南珠。李白有诗：“潮水还归海，流人却到吴。相逢问愁苦，泪尽日南珠。”[⑦]自

① 刘昫等：《旧唐书》，中华书局，1975，第1759页。

② 黄家蕃、谈庆麟、张九皋：《南珠春秋》，广西人民出版社，1991，第12页。

③ 刘恂：《岭表录异》，鲁迅校勘，广东人民出版社，1983，第5页。

④ 谭其骧：《中国历史地图集》第五册《隋·唐·五代十国时期》，中国地图出版社，1982，第72-73页。

⑤ 范镇、欧阳修、宋祁等：《新唐书》卷四十三，中华书局，1975，第1100页。

⑥ 马总著，王天海、王韧校释《意林校释》卷五，中华书局，2014，第542页。

⑦ 李白撰，安旗等笺注《李白全集编年笺注》卷四，中华书局，2015，第319页。

此，“南珠”之名逐渐传播开来。

自两晋至唐代，其采珠方法也未见详细的记载。从上述《岭表录异》的记载中有“珠户入池”“池水乃淡，此不可测也”的字句来看，一直到唐代，合浦一带的居民仍沿用汉代潜入深水采捞的方法采珠。

五代十国时期，合浦一带属南汉统治。南汉开国皇帝刘陟喜好奢华，《旧五代史·刘陟传》说他“广聚南海珠玑，西通黔、蜀，得其珍玩，穷奢极侈，娱僭一方……末年起玉堂珠殿，饰以金碧翠羽，岭北行商，或至其国，皆召而示之，夸其壮丽”[①]。他不但强迫沿海居民去采珠，而且扩大了采珠范围，所以产珠数量巨大。其后主刘鋹更进一步滥采，成立了一个2000人的采珠军事组织，叫“媚川都”。其采珠方法是“以索系石被于体而没焉，深者至五百尺，溺死者甚众”[②]。

宋太祖赵匡胤开始当皇帝时，为了笼络人心，“罢岭南采珠，媚川都卒为静江军”[③]。但是，在他巩固了统治以后，“未几，复官采。容州、海渚亦产珠，官置吏掌之”[④]。当时的采珠数量还是比较大的，《文献通考》卷十八《征榷五》载：“太平兴国二年贡珠百斤。七年贡五十斤，径寸者三。八年贡千六百一十斤，皆珠场所采。”[⑤]这段记载说明当时在合浦的采珠活动是比较频繁的，采珠的数量也比较巨大。这种情况，到南宋时期才得到减轻。《宋史·高宗纪》载“罢廉州贡珠，纵疍丁自便”[⑥]，这大概是由于南宋忙于战争，无暇顾及采珠吧。

宋代合浦一带采珠，除沿用潜水采捞方法外，还采用了水面吊篮采捞的方法。宋代周去非《岭外代答》卷七《宝货门·珠池》载：“合浦产珠之地，名曰断望池，在海中孤岛下，去岸数十里，池深不十丈。疍人没而得蚌，剖而得珠。取蚌，以长绳系竹篮，携之以没。既拾蚌于篮，则振绳令舟人汲取之，没者亟浮就舟。不幸遇恶鱼，一缕之血浮于水面，舟人恸哭，知其已葬鱼腹也。亦有望恶鱼而急浮，

① 薛居正等：《旧五代史》，中华书局，1976，第1808-1809页。
② 马端临：《文献通考》，中华书局，1986，第179页。
③ 脱脱等：《宋史》卷三，中华书局，1977，第38页。
④ 马端临：《文献通考》卷八十，商务印书馆，1936，第179页。
⑤ 同④。
⑥ 同③，卷三十一，第586页。

至伤股断臂者。海中恶鱼，莫如刺纱，谓之鱼虎，蜑所甚忌也……所谓珠熟之年者，蚌溢生之多也。然珠生熟年，百不一二，耗年皆是也。珠熟之年，蜑家不善为价，冒死得之，尽为黠民以升酒斗粟，一易数两。既入其手，即分为品等铢两而卖之城中。又经数手乃至都下，其价递相倍蓰，至于不赀。”[①]上述记载除告诉我们宋代当地采取了潜水采捞和水面吊篮采捞两种方法外，还反映了当时的商人贩卖珍珠成为巨富的事实。由于是潜入深水作业，因此当时的采珠人不得不冒着葬身鱼腹或伤股断臂的危险，反映了宋代合浦珠民的生活十分艰辛。

三、元明时期

元世祖忽必烈时，因忙于战争而无暇顾及采珠。元宰相张珪的奏疏显示，大德元年（1297年）朝廷恢复官采，并把采珠区域扩大到广州、东莞、大步海及惠州等地。延祐四年（1317年）复置廉州采珠都提举司，专事采珠。延祐七年（1320年），罢采珠。元顺帝至元三年（1337年）初，复立采珠都提举司，同年四月又罢采珠。总的来说，元代采珠活动不太频繁，采珠数量也较宋代少。

元代采珠之法较宋代有所倒退，其采珠法与南汉类似，即采珠人腰系大绳，深入海中，得蚌后，船上之人提绳使人出水。陶宗仪《南村辍耕录》卷十《乌蜑户》载：“广海采珠之人，悬絙于腰，沉入海中，良久得珠，撼其絙，舶上人挈之出，葬于鼋鼍蛟龙之腹者，比比有焉。”[②]由此可见，元代采珠方法并没有多大进步。

明代是历史上合浦采珠最鼎盛的时期。明崇祯《廉州府志》载洪武“二十九年诏采珠”，从此开了明代采珠的先例。据统计，自洪武二十九年（1396年）至万历二十九年（1601年），皇帝经常下诏采珠。[③]这一时期的采珠方法多种多样，其中主要的有以下几种。

---

① 周去非著，杨武泉校注《岭外代答校注》卷七《宝货门》，中华书局，1999，第258-259页。

② 陶宗仪：《南村辍耕录》卷十《乌蜑户》，李梦生校点，上海古籍出版社，2012，第121页。

③《日本藏中国罕见地方志丛刊·〔崇祯〕廉州府志 〔雍正〕灵山县志》，书目文献出版社，1992，第17-21页。

（1）没水取珠。《水东日记》载：“珠池居海中，蜑人没而得蚌剖珠。盖蜑丁皆居海艇中采珠，以大舶环池，以石悬大絙，别以小绳系诸蜑腰，没水取珠。气迫则撼绳，绳动，舶人觉，乃绞取，人缘大絙上。”[①]蜑丁只身没入海中采捞珍珠，依靠人的身体呼吸限度，这是最原始、最危险的方法。

（2）长绳系腰携篮拾蚌。明代王士性在《广志绎》一书中记载：“旧时蜑人采珠之法，每以长绳系腰，携竹篮入水，拾蚌置篮内则振绳，令舟人汲上之。”[②]从此书的记载中得出，明代延续了宋代的以长绳系腰，并携篮入水取蚌的方法。该方法借助篮子，增加珍珠的装载量，但依然具有“遇恶鱼，葬鱼腹”的极大危险。

（3）缆轮耙珠。《广东新语》云：“以黄藤、丝棕及人发组合为缆，大径三四寸，以铁为耙，以二铁轮绞之。缆之收放，以数十人司之。每船耙二，缆二，轮二，帆五六。其缆系船两旁以垂筐，筐中置珠媒引珠。乘风帆张，筐重则船不动，乃落帆收耙而上。”[③]该方法改变了以往蜑丁直接入水采捞的方式，而借用缆、筐、铁耙等工具，在船上进行采捞。随着社会经济的发展，人们越来越注重入海采珠的安全性，促进了采珠方法的改善，也就是采捞珍珠的活动从水下作业向水上作业转变。

（4）以铁拨拨蚌。清代吴震方在《岭南杂记》中说：“珠池在廉州海中，取珠人泊舟海港，数十联络，天气晴朗，万里无云，同开至池处，以铁物坠网海底，以铁拨拨蚌，满网举而入舟，舟满登岸，取而剖之，皆凡珠也。”[④]此即借用铁拨取蚌，该方法较于直接下海取蚌已经有一定的进步，但在采捞珍珠的同时，以铁拨拨蚌，容易把大蚌和小蚌都一拨收入，对贝类资源有一定的破坏。

（5）以麻绳做兜如囊状，扬帆而兜取之。《岭海名胜记增辑点校》载：“永乐初人没水，多葬鱼腹中，或绞绳上仅系手足存耳。最后法以木柱板口，两角坠石，用麻绳作兜，如囊状，绳系船两旁。惟乘风行驶，兜重则蚌满。然取蚌剖珠，

① 叶盛：《水东日记》卷五，魏中平点校，中华书局，1980，第54页。

② 王士性：《广志译》，中华书局，1981，第104页。

③ 屈大均：《广东新语》卷十五《货语》，中华书局，1985，第412页。

④ 吴震方：《岭南杂记》，上海商务印书馆，1936，第26页。

千万中不得一颗，所费巨万，得不偿失。”[①]该方法的优点是安全和方便。但以这个方法采捞珍珠的同时，海底下的杂物、生物等也会被一起打捞上来，珍珠采捞的效率不明显，也会有“漂溺之患”。

（6）用锡造弯管呼吸以采珠。明末清初人宋应星著的《天工开物》载：“凡没人以锡造弯环空管，其本缺处对掩没人口鼻，令舒透呼吸于中，别以熟皮包络耳颈之际。极深者至四、五百尺，拾蚌篮中。气逼则撼绳，其上急提引上，无命者或葬鱼腹。凡没人出水，煮热毳急覆之，缓则寒栗死。”[②]该采珠方法与之前的采珠方法相比，利用了锡制弯管作为呼吸工具，用“熟皮”包裹外露皮肤。这样既延长了疍人入海采珠的时间，也提高了安全性，但也避免不了葬身鱼腹和出水后因寒冷而死的可能性。

从新石器时代开始到明代，合浦的珍珠采捞方法越来越复杂。从疍丁只身入海取蚌到携带篮子、采用铁拨、利用缆轮，再到以麻绳做兜、用锡造弯管呼吸，可以看到，疍民采捞珍珠的方法有了很大的发展，从水下作业慢慢转向水上作业，采捞过程的安全性越来越高。另外，我们还看到在采捞方法不断发展的同时，其采捞辅助工具也逐渐多样化，产生了如锡弯管、铁拨、麻绳、网状物、缆轮等一系列工具。古代珍珠采捞方法的发展与人们的安全意识越来越强有关，也与每个朝代珍珠的需求量和采捞的强度有关，更与每个朝代社会经济的发展紧密联系。

对合浦珍珠采捞的管理，历朝历代都设立管理机构，并采取了一定的措施。三国时，孙权在合浦设置珠官郡。唐贞观六年（632年），朝廷在合浦置珠池县。唐代以前没有设专职官员监采珍珠，《岭表录异》载“每年刺史修贡，自监珠户入池”[③]，也就是说唐代每年珍珠开采时，官员亲自监督采珠。南汉大宝五年（962年）刘鋹在合浦海门镇（今廉州镇）置媚川都，招募8000士兵专职采捞珍珠，并在“合浦郡城南”建媚川馆作为监采珍珠的指挥中心。[④]元中统二年（1261年）设管

① 郭棐编撰，陈兰芝增辑，王元林点校《岭海名胜记增辑点校》卷十五，三秦出版社，2016，第1400页。

② 宋应星：《天工开物》，潘吉星译注，上海古籍出版社，2008，第300页。

③ 刘恂：《岭表录异》，鲁迅校勘，广东人民出版社，1983，第5页。

④ 合浦县志编纂委员会：《合浦县志》，广西人民出版社，1994，第305页。

领珠子民匠官，掌管“采捞蛤珠”。延祐四年（1317年）十二月复置廉州采珠都提举司，专门从事采珠。

在前朝的管理基础上，明代珍珠的采捞活动已经完全纳入政府的管理，受广东承宣布政使司和珠池太监双重管辖。[①]明洪武二年（1369年），明太祖在广东道的基础上始设广东行中书省。洪武九年（1376年），改为广东承宣布政使司。在辖境方面，将合浦地区、雷州半岛及海南岛一道并入广东承宣布政使司的辖境。广东承宣布政使司是明代管理采珠的地方行政机构。当时的采珠活动除受广东承宣布政使司的管理外，更多的时候是受由皇帝直接向珠池地指派的珠池太监的管理，许多具体事项皆由珠池太监负责。另外，珠池太监也负责朝廷的珍珠采办与岁办，押送从合浦进贡到朝廷的珍珠。张国经修的《廉州府志》载，“洪武二十九年诏采而已，未有专官也”[②]，而《粤大记》明确记载“洪武三十五年差内官于广东布政司起取疍户采珠”[③]，这表明至少在建文四年（1402年）朝廷就开始指派珠池太监来监视珍珠的采捞。

为了保证珠池的安全，防范珍珠被偷盗，明朝政府设立专门的机构：

（1）建立白龙城。在一些文献记载中，白龙城也叫白龙墩。为了防守珠池以及加强北部湾沿岸的海防，明洪武年间（1368—1398年）修建了时属合浦管辖的白龙城。白龙城作为明代重要的采珠管理场所，城内设有采珠太监公馆、珠场巡检司等。《粤大记》载：“珠池公馆，洪武永乐间设于珠场巡检司之右。”[④]珠池公馆是明代设的专门守池采珠的内官衙门。

（2）设立涠洲游击署。清代杜臻在《粤闽巡视纪略》中记载：“万历十七年定设涠洲游击一员，兵一千六百六名，战船四十九分，五哨驻守。十八年治游击署于涠洲，寻为风毁。二十年卒徙永安，而以涠洲为信地，自海安所历白鸽、海门、乾体至龙门港，皆其游哨所及也。”[⑤]万历年间（1573—1620年），明政府在涠洲

① 曲明东：《明代珠池业研究》，华南师范大学硕士毕业论文，2005，第6页。

②《日本藏中国罕见地方志丛刊·〔崇祯〕廉州府志 〔雍正〕灵山县志》，书目文献出版社，1992，第93页。

③《日本藏中国罕见地方志丛刊·〔万历〕粤大记》，书目文献出版社，1990，第496页。

④ 同③。

⑤ 杜臻：《粤闽巡视纪略》，上海古籍书店，1979，第43页。

设立了游击署，防范倭寇的侵扰，保护珠池的安全。

（3）设置海寨。《廉州府志》云："海寨，此营堡类也，当入经武志，乃附于此。寨为珠池设也。"[①]除了涠洲游击署，明政府还设立了海寨，以保护珠池。

明代虽然设立了对珍珠资源进行监守的专门的机构，但是在珍珠价值的引诱下，还是存在大量盗采珍珠的现象。为了更好地监管珍珠和维护社会治安，明代政府出台了以下相关的管理条例。

《明实录·神宗》卷八十七载："万历七年五月……戊辰……刑部题广东珠池之盗，有司因无律例，概以强盗坐之，似属过重。今议捉获盗珠贼犯，俱比常人盗官物并赃论罪，免刺，仍分为三等。持杖拒捕者为一等，不论人之多寡，珠之轻重，不分初犯、再犯，首从俱远戍。若杀伤人，为首者斩。虽不曾拒捕，但聚至二十人以上，珠值银二十两以上者，为二等。不分初犯、再犯，为首者远戍，为从者枷号三月，照罪发落。人及数而珠未及数者，亦坐此例。若珠与人俱不及数，或珠虽及数，而人未及数，为三等。为首者初犯，枷三月，照罪发落。若假以盗珠为由，在海劫客商船只或登岸劫人财物者，各依强盗论。依拟着为令。"[②]

广东巡按御史李时华《稽察珠船议》："如有违限不回，定系海上为盗，除该船严拿正法外，原结之人并押船委官连坐治罪。"[③]出去采珠的船，如果没有在规定的期限内回来，就以海盗定罪，并且连坐治罪。

珍珠采捞的管理条例对珍珠盗采现象具有一定的威慑。然而在珍珠价值的引诱下，依然有许多人铤而走险盗采珍珠。

---

①《日本藏中国罕见地方志丛刊·〔崇祯〕廉州府志 〔雍正〕灵山县志》，书目文献出版社，1992，第93页。

②《明神宗实录》卷八十七，"中央研究院"历史语言研究所校印本，1962，第1815-1816页。

③郭棐：万历《广东通志》第五十三卷《珠池》，中国书店，1997，影印本，第408页。

四、清代以后

清代虽继续采捞珍珠，但采珠业已大大衰落。康熙十二年（1673年）廉州府教谕张俊兴在《廉州府轶事》中载，廉州沿海居民“不种耕稼，以采珠为业……合浦珠称南珠，以白龙产者为佳，故又称白龙珍珠”。清代顺治、康熙、雍正三个时期都忙于战争，也无暇顾及采珠。乾隆十七年（1752年）试采一次，自八月中旬至十月底，用银一千六百余两，采捞的珍珠共计三两多，重一分的仅有三四颗。乾隆十九年（1754年），自九月至十月，用了五千多两银子，得珠共二两五钱，重七八厘的三四颗，重一分的仅有一颗。①总的来说，清代采珠的规模及采珠的数量远不及明代。清代的采珠方法也大致沿用明朝的。李调元在《粤西杂录续编》中载“合浦疍民为采南珠多葬鱼腹”，说明当时的采珠仍是相当冒险的一项水下作业。

清末以后，合浦沿海一带的采珠业更加衰落。这时候的采珠方法，除用小舟拉网采捞采集珠蚌外，也可等退潮后在海滩上拾蚌，但海底地形复杂的地方仍需潜水采捞。民国《合浦县志》载：“珍珠产于白龙海面，其间有珠池四，曰青婴、白龙、杨梅、乌泥，采珠者于二三月间至六七月，以二小舟沉网横罗之，所得珠蚌或螺蛤不等，蚌肉可食，珠价奇昂。”新中国成立后，每年都有来自海南岛的二三十艘船在合浦海面采集天然珍珠。1956—1957年，北海市沿海一带渔民采捞和拣拾了大量的珠蚌，珠螺肉成为沿海居民家庭的常馔，珠螺被剖开后常发现小珠如豆。1967—1970年，广东海康县组织船队到合浦县白龙海面，捞捕天然珠贝数百万只。②

自20世纪70年代以后，珠贝资源减少，以采珠为生的沿海居民逐渐减少，但不少近海渔村的居民仍不时可以捡拾到大量的珠贝，贝中珍珠细如粟米，仅可充当药材之用，偶尔才发现大的珍珠。1990年，在合浦县白龙附近海面，采捞到一颗规格为1.12厘米×1.55厘米、重3.6克的珍珠，这是当时中国最大的天然海产珍珠，堪称

① 牛秉钺：《珍珠史话》，紫禁城出版社，1994，第31页。

② 黄家蕃、谈庆麟、张九皋：《南珠春秋》，广西人民出版社，1991，第70页。

“南珠王”，现陈列于北海市南珠宫。

合浦沿岸的古代居民，采捞珍珠的历史十分悠久，至少在先秦时期他们就开始采捞珍珠了。秦汉以后，中央王朝统治者对珍珠的需求越来越大。人们最先是采捞天然海域中的蚌类，以获取珍珠。随着人口密度的增大，人们对珍珠的需求也增加了，他们一方面不断改良采捞的工具和方法，另一方面也不断增加采捞的次数和扩大采捞的海域。珍珠的采捞，是环北部湾合浦沿岸的先民们开发北部湾、发展海洋经济的重大举措，其历史意义十分深远。

自秦汉至唐宋时期，人们采捞珍珠的方法主要是捡拾、潜水和以绳系身采捞，均较为原始，采捞工具除了船只，仅有竹篮、绳子而已。明清时期除了沿用早期的传统方法，还出现了用锡制弯管进行水中呼吸、耙网和扬帆兜取等方法采珠，采珠技术大大进步，采珠工具除了船只，还有耙网、珠刀、大桶、瓦盆、油铁木柜等，大大提高了采珠的效率。在明代，为了便于采珠用具的制造，还出现了相当规模的制作场所。1980年，广西壮族自治区博物馆文物工作队在距北海市营盘镇白龙城（珍珠城）5千米和1千米的福成河流域，分别发现了两座明代嘉靖年间（1522—1566年）的上窑和下窑遗址，窑址中发现了瓦盆、拔火罐、瓮、壶等陶瓷器，这些器物的造型符合海上作业的特点，如器物的底部一般都是厚、重、平、大，口沿多为子母口，腹部较深，整个器物造型重心向下，给人一种安稳感。拔火罐对长期在寒冷潮湿的海上作业的人员是特别适用的。这些陶瓷器，有些当是供当时采珠人员之用。这也说明了南珠采捞促进了同时代陶瓷文化的发展。

第二章

古代采珠海域的具体位置

北部湾被雷州半岛、海南岛、广西沿岸和越南北部海岸所环抱，东西宽约390千米，东北—西南长约550千米，面积为12.8万余平方千米。[①]这是一片面积相当大的海域，相当于广西壮族自治区陆地面积的二分之一。古代珍珠采捞的具体海域，到底在北部湾的什么位置呢?虽然有些学者已对这一问题做了一些研究，但是仍有待深入探讨。

一、早期的产珠海域和“珠母海”

由于缺乏文字材料，汉代以前的产珠海域到底位于北部湾的什么位置，尚无法准确考证。汉代，把产珠海域笼统地说成是“海”。《汉书·地理志》载：“粤地……处近海，多犀、象、毒冒、珠玑、银、铜、果、布之凑，中国往商贾者多取富焉。”[②]这里所说的“海”，当指环北部湾沿海等地区。《汉书·武帝纪》注引应劭说：“在大海中崖岸之边，出真珠，故曰珠厓。”[③]《后汉书·循史列传》载：“尝（孟尝）迁合浦太守，郡不产谷实，而海出珠宝，与交阯比境。”[④]汉代合浦郡的郡治位于今北部湾的东北部海岸，珠厓郡的郡治位于今海南岛东北部[⑤]，珠厓郡出产珍珠的地方应属北部湾靠近今琼州海峡的北部湾东部海域。因此，汉代珍珠采捞主要在今北部湾东北和东部一带的浅海地带，而尤以今北部湾东北部沿海最为有名。

到了两晋时期，北部湾的采珠海域移到今广西北海市海面上的涠洲岛一带。晋刘欣期《交州记》载：“去合浦八十里有围洲，其地产珠。”唐代，今合浦、北海一带属廉州。《旧唐书·地理志》云：“廉州合浦有珠母海，郡人采珠之所。”[⑥]

① 周国丰：《北海现象——爆炸式发展与新星名城崛起》，华夏出版社，1999，第353页。

② 班固：《汉书》卷二十八《地理志》，中华书局，1962，第1670页。

③ 同②，卷六《武帝纪》，中华书局，1962，第188页。

④ 范晔：《后汉书》卷七十六《循史列传》，中华书局，1965，第2473页。

⑤ 谭其骧：《中国历史地图集》，中国地图出版社，1982，第72-73页。

⑥ 刘昫等：《旧唐书》，中华书局，1975，第1759页。

这里的“珠母海”，当指包括涠洲岛在内的北部湾东北部海域。“珠母”即生长珍珠的贝类，唐代刘恂《岭表录异》也载：“廉州边海中有洲岛，岛上有大池，谓之珠池。……池虽在海上，而人疑其底与海通。池水乃淡，此不可测也。”[①]宋代周去非在《岭外代答》卷七《宝货门·珠池》中说：“合浦产珠之地，名曰断望池，在海中孤岛下，去岸数十里，池深不十丈。疍人没而得蚌，剖而得珠。……疍家自云，海上珠池，若城郭然，其中光怪，不可向迩。”[②]结合唐代刘恂《岭表录异》记载的岛屿与海岸的距离和今合浦、北海一带海域的地理情况（今北海市、合浦县一带的沿海岛屿只有涠洲岛和斜阳岛），则《岭表录异》和《岭外代答》所记载的“洲岛”和“孤岛”可能是指涠洲岛或斜阳岛，但这两个岛上迄今为止尚未发现产珠大池的痕迹，原因可能有二：一是这两个岛的自然环境在千百年来已有变迁，珠池随其变迁而消失了；二是可能刘恂没有对这两个“洲岛”进行实地的考察，只是道听途说而已。[③]

关于先秦及汉唐时期确切的珍珠采捞海域很难确定，对此前人也有过论述。如明崇祯本《廉州府志》云：“珠池之事，汉唐无考，自刘鋹置媚川都、宋开宝以还，遂相沿袭，置场置司或采或罢，迄无定制。”[④]不过，从《汉书·武帝纪》注引应劭说、《后汉书·循吏列传》、《岭表录异》、《岭外代答》等的记载来看，汉唐时期产珍珠的海域当以今北部湾的东北部沿海海域为中心。据《旧唐书·地理志》等书对“珠母海”的记载和谭其骧主编的《中国历史地图集》隋、唐、宋和元、明、清时期的分卷地图上，标明的“珠母海”的位置[⑤]，可知隋唐以后的“珠母海”位于今北部湾东北部海域，其大致范围是在今广西北海市冠头岭以南、涠洲岛以北，东至英罗港、铁山港、安铺港一带的沿海海域。

---

① 刘恂：《岭表录异》，鲁迅校勘，广东人民出版社，1983，第5页。

② 周去非著，杨武泉校注《岭外代答校注》卷七《宝货门》，中华书局，1999，第258-259页。

③ 黄家蕃、谈庆麟、张九皋：《南珠春秋》，广西人民出版社，1991，第13页。

④ 张国经等：《廉州府志》卷六《武备志》，《广东历代方志集成》据明崇祯十年刻本影印，岭南美术出版社，2009，第93页。

⑤ 谭其骧：《中国历史地图集》，中国地图出版社，1982，第72-73页。

二、明清时期的珠池

明清时期，是历史上采珠的高峰时期，尤其是明代，其采珠的次数和规模都是空前的。因此，在这些海域出现了若干珠池的名称。关于珠池的名称、数量及其所指的具体海域，各种史料和研究论著众说纷纭，莫衷一是。现列举其中的几种记载，并考证如下。

（1）明姚虞《岭海舆图》一书所附廉州府自东至西海图上，标有断望池、对达池、平江池、杨梅池和青婴池，共5个珠池。

（2）明崇祯本《廉州府志》说合浦珠池自东至西为乌泥（部分文献记为“乌坭”）池、海猪沙、平江池、独榄沙、杨梅池、青婴池和断望池，并说“乌泥池，至海猪沙一里；海猪沙，至平江池五里；平江池，至独榄沙洲八里；独榄沙洲，至杨梅池五十里；杨梅池，至青婴池十五里；青婴池，至断望池五十里；断望池，至乌泥池总计一百八十三里。”此处记载的珠池共7个。

（3）明末清初屈大均《广东新语》卷十五《货语》载：“合浦海中有珠池七所，其大者曰平江、杨梅、青婴，次曰乌坭、白沙、断望、海猪沙，而白龙池尤大，其底皆与海通。海水咸而珠池淡，淡乃生珠。”[①]又载：“合浦珠名曰南珠，其出西洋者曰西珠，出东洋者曰东珠。东珠豆青白色，其光润不如西珠，西珠又不如南珠。南珠自雷、廉至交趾，千里间六池，出断望者上，次竹林，次杨梅，次平江，至汙泥为下，然皆美于洋珠。”[②]此书前面说有珠池七所，即平江、杨梅、青婴、乌坭、白沙、断望、海猪沙，后面说有珠池六所，前后有不一致的地方，其池名也有所不同，如“竹林池”在前文就无记载。

（4）清康熙本《粤闽巡视纪略》载合浦沿岸珠池有7个：“合浦珠池有青婴、断望、杨梅、乌泥、白沙、平江、海渚，俱在冠头岭（指今北海市冠头岭）外大海中，上下相去百八十三里。前巡抚陈大科曰‘白沙、海渚二池地图不载，止杨梅等

① 屈大均：《广东新语》卷十五《货语》，中华书局，1985，第411页。

② 同①，第414页。

五池’。”[①]

（5）清道光本《廉州府志》卷三《舆地三·山川》载廉州沿岸珠池有6个，即“乌泥池至平江池四里，平江池至杨梅池九十里，杨梅池至青莺池六十五里，青莺池至断网池（也称断望池）百九十里，断网池西至乌泥池一百一十里，东接乐民所，西抵白龙城，为珠池海界”，并说雷州珠池只一处，曰“乐民”，又名“对乐”，又说乌泥池与永安池是同池异名，而断网池是它的别名。

（6）明末清初宋应星《天工开物》卷下《珠玉》载：“凡廉州池自乌泥、独揽沙至于青莺可百八十里，雷州池自对乐岛斜望石城界可百五十里。”[②]这里记载了乌泥、独揽沙、青莺、对乐岛（即对乐池）4个珠池。

（7）清李调元《南越笔记》卷五载：“合浦海中有珠池七所，其大者曰平江、杨梅、青婴，次曰乌坭、白沙、断望、海猪沙，而白龙池尤大。”此处记载的是7个珠池。

（8）清咸丰本《广东图志》载平江之西有手巾池，手巾池之西有青婴、汤猪沙、杨梅等池，杨梅之西有白虎沙、响沙，响沙之西有玳瑁池，共8个珠池。

（9）清光绪本《广东图说》卷六十一《合浦县图》载合浦沿海自东向西珠池依次为望断池、手巾池、青婴池、杨梅池、白虎沙、响沙和玳瑁池，共7个珠池。

从上述文献材料来看，明清时期各珠池的称谓、位置、大小及顺序，各方志所载均有异同之处。笔者认为，产生上述这种情况的主要原因是受古代地理知识和技术条件的限制，不可能对各大珠池做实地测量和考察，只凭采珠人的口述，或凭经验及行船时间的长短来大概确定其位置，因此难免有各书记载不同甚至矛盾之处。关于珠池的定义，民国廖国器纂修的《合浦县志》引类书的记载：“所谓珠池，是海面上一些岛屿环绕成一个池的样子。”[③]这一说法颇值得研究。笔者认为，珠池是采捞珍珠贝比较集中的地区。珍珠贝的生存需要较为独特的海洋生态环境，水暖如春、水流畅通稳定、有适量淡水流入的港湾最适宜。所以，港湾开敞，海水清

① 杜臻：《粤闽巡视纪略》卷一，台湾商务印书馆，1986。

② 宋应星：《天工开物》，明崇祯十年涂绍煃刊本，中华书局，1956，影印本，第408页。

③ 廖国器：《合浦县志》，铅印本，1942。

澈，水流不急，自潮间带至10米深以内岩礁砂泥与砾石混合的海底，海水温度保持在15～25℃，比重在1.018～1.020，是珍珠贝生活的乐园。[①]从珍珠贝生存的条件考虑，珠池需具备几个条件：一是处于离海岸不远的浅海，水温在15～25℃，海底要有比较洁净的沙泥、石砾或珊瑚礁；二是处于港湾或半岛、岛屿的环抱之中，或离海岸不远的避风海域，这样可以形成风平浪静的环境；三是附近有淡水小河流入，或有较为丰富的红树林等植被，这样可以产生丰富的浮游生物作为珍珠贝的食物。

根据文献的记载，并结合珠池应具备的条件，明清时期见于文献的珠池主要包括以下这些。

（1）断望池。断望池又名断网池、望断池。断望池一名最早见于《岭外代答》。在明姚虞《岭海舆图》、明崇祯本《廉州府志》、明末清初屈大均《广东新语》、清康熙本《粤闽巡视纪略》、清李调元《南越笔记》均记载为“断望池”，但在清道光本《廉州府志》记载为“断网池”，清光绪本《广东图说》记载为“望断池”。断望池所处的方位，古今有多种说法。有些学者根据《岭海舆图》等的记载和群众历年的习惯考证，认为断望池在今北海市营盘镇婆围村南面海域，与广东乐民池相对，距白龙池13千米。[②]清道光本《廉州府志》及清光绪本《广东图说》所载断望池的位置也应大体如此。按照多数文献记载的地理情况和与各池距离的资料，断望池应属廉州珠池最西的一个，与最东的乌泥池成为东西两极。《岭外代答》说“断望池，在海中孤岛下，去岸数十里，池深不十丈。……若城郭然，其中光怪，不可向迩”[③]，因此认为断望池位于今北海市涠洲岛、斜阳岛一带。这一带在汉代的文献中未见采珠的记录，晋刘欣期《交州记》载“去合浦八十里有围洲，其地产珠”，唐刘恂《岭表录异》及宋周去非《岭外代答》也记载这一带是采珠的重要场所，所以涠洲岛一带采珠历史悠久，历来就是环北部湾的一个重要的产珠海域。涠洲岛、斜阳岛一带浅海滩涂广阔，适合珍珠贝生长，然而它们远离海岸数十千米，海面开阔，遇到风急浪高的恶劣天气往往造成船毁人亡的悲剧。同时，两

① 黄家蕃、谈庆麟、张九皋：《南珠春秋》，广西人民出版社，1991，第9页。

② 合浦县志编纂委员会：《合浦县志》，广西人民出版社，1994，第300页。

③ 周去非著，杨武泉校注《岭外代答校注》卷七《宝货门》，中华书局，1999，第258-259页。

岛属于火山岛，海底地形复杂，是各种巨型海洋生物的栖息之所，使得不少珠民潜水采蚌时葬身鱼腹，珠民家属在海边“断望”或“望断”地面向大海哭祭亡灵的情况时有发生。“断望”或“望断”即绝望，为希望断绝之意。北部湾海底属中国大陆架的延伸范围，大都比较平坦，所以明清两代采珠可以使用耙网之类的工具进行，而涠洲岛、斜阳岛一带海底属海蚀地貌，水下珊瑚群丰富，地形复杂，使得耙网工具常常断裂毁坏而有“断网”之名。“断网”即耙网断裂之意。[①]清道光本《廉州府志》卷一所附“廉州府全图”也将“断望池”置于涠洲、斜阳二岛附近，可见断望池在这两个岛附近海域的看法应是正确的。

（2）乐民池。乐民池又名对乐池。清道光本《廉州府志》说雷州珠池只有一处，曰“乐民”，又名“对乐”。该地现属广东省遂溪县，该县仍有“乐民”这一地名。一般认为乐民池位于今广东省遂溪县乐民之西蚕村港中。[②]蚕村港位于北部湾东北角，三面陆地环抱，风平浪静，是雷州半岛重要的珠池。

（3）乌泥池。乌泥池又名永安池、对达池。在明崇祯本《廉州府志》、宋应星《天工开物》及清道光本《廉州府志》中，均把“乌泥池”放在合浦沿海珠池的最东边的位置。今广西合浦县山口镇东南沿海英罗港以南有乌泥村[③]，乌泥池因此而得名。乌泥池是在今合浦县山口镇英罗港外南面海域。“永安池”之名见于清道光本《廉州府志》，该书说乌泥池与永安池是同池异名。永安村位于合浦县山口镇西南7.9千米处。此地濒海，建村时人们渴望永久安宁，故名永安。明洪武二十七年（1394年），筑永安城，设巡检司镇守海疆。该池因附近有永安城而得名。[④]明姚虞《岭海舆图》中无“乌泥池”“永安池”之名，而有“对达池”之名。今合浦县山口镇永安村正南有对达村[⑤]，相传最早有兄妹两人从福建到此谋生，后结为夫妻，故名。明姚虞《岭海舆图》记载这里有守护对达珠池的“对达寨”，对达池也因此而得名。乌泥池、永安池、对达池应是不同地点的居民对英罗港南面这一采珠

① 合浦县志编纂委员会：《合浦县志》，广西人民出版社，1994，第300页。

② 黄家蕃、谈庆麟、张九皋：《南珠春秋》，广西人民出版社，1991，第46页。

③ 合浦县人民政府：《合浦县地名志》，1983，第86-87页。

④ 同③。

⑤ 同③。

海域的不同称呼。英罗港附近海岸的红树林十分丰富，有武流江等多条河流汇入，海水咸淡适中，适宜珍珠贝生长。

（4）平江池。平江池见于明姚虞《岭海舆图》、明崇祯本《廉州府志》、明末清初屈大均《广东新语》、清康熙本《粤闽巡视纪略》、清道光本《廉州府志》等书的记载。据姚虞《岭海舆图》记载，平江池位于川江寨以西、珠场寨以东的海域，东为对达池，西为杨梅池。对比今版北海市地图及《南珠春秋》等书作者的考证，笔者认为平江池大约在今广西北海市铁山港区兴港镇北暮盐场、川江村至营盘一带的海域。这一带浮游生物丰富，海底较平缓，是北海市重要的珍珠养殖基地，珍珠养殖场非常密集。

（5）杨梅池。杨梅池又名白龙池。明姚虞《岭海舆图》、明崇祯本《廉州府志》、明末清初屈大均《广东新语》等均有记载。在《岭海舆图·廉州府舆地图》中，杨梅池位于珠场寨以南、冠头岭以东、青婴池与平江池之间。但清道光本《廉州府志》卷一则记载杨梅池位于北海冠头炮台（今北海市冠头岭）以西。笔者认为《岭海舆图》的记载较早，应较为属实。因为附近有杨梅岭，故杨梅池因此而得名。[1]其方位大致在今北海市营盘镇至白龙港一带南面的海域。在一些文献中，还出现“白龙池”一名。“白龙池”仅见于明末清初屈大均《广东新语》和清代李调元《南越笔记》等书中，而明代及明代以前的文献未见记载，其名称当在清代以后出现。但清代一些著名的方志，如康熙本《粤闽巡视纪略》、道光本《廉州府志》亦未见记载。白龙池当因白龙城而得名，据说明代珍珠城的屋舍建在一条白龙的头上，故名。今该城已废弃，但尚有白龙村和白龙港。白龙池应当在今北海市铁山港区营盘镇白龙村一带南部的海域，与杨梅池大致重合，是杨梅池的别名。这一带有南康江、白龙港等，海底为泥沙质，浮游生物丰富，水浅浪静，是传统的珍珠产区。今白龙村一带数十千米的海岸，2000多年来叠积了3米多厚的珍珠贝壳，构成了独特的地貌。也有人认为白龙池在今广西防城港市白龙尾珍珠港南面海区[2]，但证据尚不充分。

① 合浦县志编纂委员会：《合浦县志》，广西人民出版社，1994。

② 邓仪昌：《合浦古珠池考》，《珠乡史志》1989年第1期。

（6）青婴池。青婴池又名青莺池。明清时期记载今合浦县一带历史的地方志均载有青婴池。宋应星《天工开物》和清道光本《廉州府志》均作“青莺池”。据《岭海舆图》及清道光本《廉州府志》等书所载，青婴池在冠头岭以东、武刀寨以南、杨梅池以西一带。武刀寨在今北海市福成镇西村港口一带，现在这里有“武刀墩”地名。故青婴池大致范围在今北海市侨港镇南沥港至福成镇西村港一带海域。这一带有三合口江、冯家江等河流流入海中，沙滩辽阔，著名的北海银滩位于其中，海底平缓，适宜珍珠贝生长。

（7）竹林池。竹林池又名手巾池。见于明末清初屈大均《广东新语》的记载。该书记载在雷、廉至交趾之间（今雷州半岛、北海市、合浦县一带至越南北部），所产珍珠质量以断望池为优，次为竹林池，再次为杨梅池、平江池、乌泥池等。今北海市福成镇一带有竹林村，竹林池当在北海市福成镇竹林村以南、白龙港至西村港之间的海域。另外，清咸丰本《广东图志》载平江之西有手巾池，手巾池之西有青婴池等，则手巾池应大约在竹林池的位置，是竹林池的别名。

（8）玳瑁池。清道光本《廉州府志》所附合浦全图上，标明该池位于合浦县西部西场一带以南的海域。清光绪本《广东图说》卷六十一《合浦县图》载玳瑁池位于廉州府城西南部、冠头岭以北的海域。根据上述两书的记载，玳瑁池大约位于今北海市冠头岭以北至合浦县大风江口一带的海域。这一带有高德新港等港湾，沿海浅滩广阔，小河流众多，从近代开始，人们在沙滩上采集一种名为“品彭螺”的海贝，从中剖取珍珠以作药珠。[①]

（9）白沙池。白沙池又名独榄沙。白沙池名见于明末清初屈大均《广东新语》和清康熙本《粤闽巡视纪略》，两书记载白沙池时，都将其排在乌泥池之后，两池当相距不远。明崇祯本《廉州府志》有独榄沙的记载，宋应星《天工开物》记载的“独揽沙”，应是“独榄沙”之误。榄即榄树，是北部湾沿岸居民对红树林的称呼，这种红树林在当地海滩很普遍。当地人把红树林称为“榄”。考宋应星《天工开物》载“凡廉州池自乌泥、独揽沙至于青莺可百八十里”[②]，此书中无“白

①庞松晖:《合浦珍珠》,载中国人民政治协商会议合浦县委员会编《合浦文史资料》第五辑,1987,第42-48页。

②宋应星:《天工开物》，明崇祯十年涂绍煃刊本，中华书局，1956，影印本，第408页。

沙”之名，而有“独揽沙”之名，且“独揽沙”位于乌泥之后，则“白沙池”与“独揽沙”应是同池异名。今合浦县有白沙镇，镇西南12.7千米处有榄根村，白沙池、独榄沙应因地名而得名。其位置相当于今北海市兴港镇北暮盐场至合浦县白沙镇榄根村一带海域。

（10）海猪沙。海猪沙又名海渚。明崇祯本《廉州府志》和明末清初屈大均《广东新语》均称为“海猪沙”，清康熙本《粤闽巡视纪略》称为“海渚”。“渚”与“猪”是谐音字，故海猪沙又名“海渚沙”。上述三书都把海猪沙作为合浦沿海的七大珠池之一加以记载。明崇祯本《廉州府志》把海猪沙放在乌泥池之后、平江池之前，并说该池距乌泥池只有一里，距平江池五里。据此可推测该池位于北海市兴港镇北暮盐场一带以东的铁山港口海域。

除上述珠池外，还有汤猪沙、白虎沙、响沙和珠砂池等名称。清咸丰本《广东图志》载，手巾池之西有青婴池、汤猪沙、杨梅池等，杨梅池之西有白虎沙、响沙，响沙之西有玳瑁池。此书所记的自东至西的珠池顺序为青婴池→汤猪沙→杨梅池→白虎沙、响沙→玳瑁池。笔者认为《广东图志》作者所记的青婴池与杨梅池的顺序似已颠倒，应为杨梅池→汤猪沙→青婴池→白虎沙、响沙→玳瑁池，“杨梅池之西”应改为“青婴池之西”。因为明姚虞《岭海舆图》及明崇祯本《廉州府志》均说合浦沿海珠池自东至西的顺序是先有杨梅池，后有青婴池。上述汤猪沙，位于杨梅池与青婴池之间，可以作为杨梅池的属池，大致在今北海市营盘镇白龙港一带南面的海域。白虎沙、响沙位于青婴池之西，可看作是青婴池的属池，位于今北海市咸田镇白虎头村（即著名的北海银滩）以南的海域。“珠砂池”一名起源于何时，未见文献记载，疑是从近现代民间流传的口碑资料而来。有人认为该池位于今北海市福成镇西村海域。[①]1983年，合浦县人民政府为了保护马氏珠贝和解氏珠贝资源，把珠砂池划为自然保护区，其范围是东经109° 26′～109° 51′、北纬21° 24′～21° 26′。[②]从这一范围来看，珠砂池相当于杨梅池和竹林池的位置，大约是从今北海市的营盘镇到福成镇的西村港沿岸以南的海域。

---

① 吴彩珍：《中国瑰宝——南珠》，广西民族出版社，1992，第16页。

② 合浦县志编纂委员会：《合浦县志》，广西人民出版社，1994，第107页。

第三章 沿海珠民的多神崇拜和祭祀活动

自古以来，负责珍珠采捞的群体主要是来自北部湾沿海的疍民。《铁围山丛谈》云："凡采珠必疍人。号曰疍户，丁为疍丁，亦王民尔。特其状怪丑，能辛苦，常业捕鱼生，皆居海艇中，男女活计，世世未尝舍也。"[①]疍民靠海为生，以采珠为业。疍民通过采捞珍珠交换大米、布料等生活物资和用来贸易。《文献通考》云："开宝五年，诏罢岭南道媚川都采珠。先是刘鋹于海门镇募兵，能探珠者二千人。"[②]可见除了疍民，地方政府每逢采珠之时，都会招募很多可以下海采珠的士兵和百姓，这也是负责珍珠采捞的群体之一。这些珠民群体有自己的民间信仰和祭祀活动。

一、具有地域特色的多神崇拜和祭祀活动

（一）海神崇拜

宋代周去非《岭外代答》中说，"疍家自云：海上珠池，若城郭然，其中光怪，不可向迩。常有怪物，哆口吐翕，固神灵之所护持。其中珠蚌，终古不可得者。"[③]古人认为海中有神灵守护着珍珠，必须祭祀，以求庇护获取珍珠。祭海神的活动也见于宋应星的《天工开物》一书，该书卷下《珠玉》载："疍户采珠，每岁必以三月，时牲杀祭海神，极其虔敬。疍户生啖海腥，入水能视水色，知蛟龙所在，则不敢侵犯。"[④]古代珠民认为进行祭祀活动时一定要虔诚，否则就会遭到报应。《广东新语》卷十五《货语》记载："凡采生珠，以二月之望为始。珠户人招集蠃夫（采珠夫），割五大牲以祷，稍不虔洁，则大风翻搅海水，或有大鱼在蚌蛤左右，珠不可得。又复望祭于白龙池，以斯池接近交趾，其水深不可得珠，冀

① 蔡絛：《铁围山丛谈》，中华书局，1983，第 99 页。

② 马端临：《文献通考》，中华书局，2011，第 520 页。

③ 周去非著，杨武泉校注《岭外代答校注》卷七《宝货门》，中华书局，1999，第 258-259 页。

④ 宋应星：《天工开物》，四川美术出版社，2018，第 214 页。

珠神移其大珠至于边海也。”[①]海神崇拜反映了古代沿海珠民对深不可测、变幻复杂的海洋的敬畏心理，体现了他们祈祷海神保佑和降福的美好愿望。

（二）龙崇拜

清代环北部湾沿海居民认为南海是龙之所在，在海中稍不注意，就会受到龙的吞食，所以一些珠民讲究文身，即在身体的某些部位的皮肤上经人工手术留下永不褪落的颜色图案，以避邪防害。《广东新语》卷二十二《鳞语》中说：“南海，龙之都会。古时入水采珠贝者，皆绣身面为龙子，使龙以为己类不吞噬。”[②]这种因畏惧、崇拜龙而文身的习俗起源很早，至少在秦汉时期的越族就已经开始了。《淮南子·原道训》载：“九疑之南，陆事寡而水事众，于是民人被发文身，以像鳞虫。”[③]《汉书·地理志》则说越人“文身断发，以避蛟龙之害”[④]。上述两则记载，反映了龙崇拜来源已久。清朝咸丰、同治年间曾于今北海市民权路与珠海路交叉口西南角建有龙皇庙，供奉龙皇神像，此庙1926年已废。[⑤]

（三）雷神崇拜

雷神崇拜源于雷州半岛，这里在唐代以后被称为雷州。据《广东新语》卷六《神语》载：“雷州英榜山，有雷神庙。神端冕而绯，左右列侍天将。堂后又有雷神十二躯，以镇斯土而辟除灾害也。”[⑥]该书卷六《神语》还载雷王庙创建于南朝时期的陈朝，明初改称雷司。每年农历上元节（即元宵节），祭祀雷神；二月，雷将大声，太守至庙为雷司开印；八月，雷将闭藏，太守至庙为雷司封印；六月

① 屈大均：《广东新语》卷十五《货语》，中华书局，1985，第412页。

② 同①，卷二十二《鳞语》，第545页。

③ 何宁：《淮南子集释》，中华书局，1998，第38页。

④ 班固：《汉书》卷二十八《地理志》，中华书局，1962，第1669页。

⑤ 北海市人民政府：《北海市地名志》，1986，第135页。

⑥ 同①，卷六《神语》，第200-201页。

二十四日，雷州人必供雷鼓以酬雷。”[①]宋代史料也载雷州一带的居民，有重雷祀雷的风俗。《太平寰宇记》卷一百六十九载：“俗于雷时具酒肴奠焉，法甚严谨。”[②]也就是说，宋代雷州一带的人民以酒肉祭奠雷王，祭祀仪式非常隆重。

（四）飓母神崇拜

台风又名飓风。《广东新语》卷六《神语》云：“粤岁有飓，多从琼、雷而起，离之极方也，故琼、雷皆有飓风祠，其神飓母。有司以端午日祭，行通献礼，诚畏之也。飓者，具也。飓一起，则东西南北之风皆具而合为一风，故曰飓也。曰母者，以飓能生四方之风而为四方之风之母，分其一方之风，可以为一大风，故曰母也。”[③]这段记载反映了雷州半岛和海南岛一带居民对飓母神存在敬奉和畏惧心理。环北部湾沿岸地处南亚热带和热带地区，面朝南海，是夏秋季节台风的多发地带。台风对当地珠民和渔民来说，是灾难性的，珠民希望通过在每年农历端午节举行祭祀活动，以避免灾难。有些地方把沿海的台风或龙卷风称作“龙气”，当地居民对其也举行祭祀或采取预防措施，以求得平安。《广东新语》卷二十二《鳞语》载：“海中苦龙气，每龙气过，辄嘘吸舟船人物而去，置之他所，然舟船人物亦无恙也。舵师知龙起，但擂金鼓，或焚鲎壳诸臭物，或洒青矾却之。海滨多高楼，楼角兽头，每为龙气所掣，置兵器其上亦止。以龙性畏铁，铁辛，为目害故也。”[④]这里所说的广东沿海的情况，也应包括当时属于广东省的环北部湾沿岸地区。

（五）天妃崇拜

据《元史・祭祀志》和《大清一统志・兴化府》等书记载，天妃为海神名，宋代莆田林愿第六女，卒后曾屡显应于海上，元至元年间（1264—1294年）封

① 屈大均：《广东新语》卷十五《货语》，中华书局，1985，第 201 页。

② 乐史：《太平寰宇记》，中华书局，2007，第 3230 页。

③ 同①，卷六《神语》，第 201-202 页。

④ 同①，卷二十二《鳞语》，第 545-546 页。

天妃神号，清康熙时又加封为天后。《广东新语》卷六《神语》中称其为“天妃海神”。清李调元《南越笔记》卷四曰：“天妃海神，或以为太虚之中，惟天为大，地次之，故天称皇，地称后，海次于地，故称妃，然今南粤人皆以天妃为林姓云。”[①]古代通海之地多立庙祷祀之，有天妃庙、天妃宫、天后宫等称。清乾隆年间（1736—1795年）韩三异纂《合浦县志》卷二十《寺观志》载，在合浦县城南八里有天妃庙，是明洪武十五年（1382年）千户林春建，嘉靖十八年（1539年）指挥刘滋重建。1983年，在北海市营盘镇白龙村明代珍珠城遗址南面发现一块《天妃庙碑》，该碑已断，从可识文字看，该珍珠城在明宣德年间（1426—1435年）也有天妃庙。沿海珠民、渔民深信，天妃能知人间祸福，航海者有祷辄应。清道光九年（1829年），在今北海市建设路与珠海西路交汇点、正对外沙桥的位置，建有天妃庙，供奉天妃神像。[②]据说当时沿海船民、渔民、珠民都崇拜天妃海神，香火极盛。

（六）伏波神崇拜

《广东新语》卷六《神语》载：“伏波神，为汉新息侯马援。侯有大功德于越，越人祀之于海康、徐闻，以侯治琼海也。”[③]东汉建武十八年（42年），伏波将军马援奉命南征交趾，后班师经广西回中原，所以汉代以后广西各地尤其是环北部湾沿岸居民纷纷建伏波庙以祭祀马援。清乾隆本《合浦县志》卷二十《寺观志》载合浦州县境内都有伏波庙，“土人祀之，有祷即应”。清道光十二年（1832年）张育春修《廉州府志》卷一《钦州全图》上标明大观港附近的乌雷岭也有伏波庙。

① 李调元：《南越笔记》，商务印书馆，1936，第64页。

② 北海市人民政府：《北海市地名志》，1986，第135页。

③ 屈大均：《广东新语》卷六《神语》，中华书局，1985，第210页。

（七）孟尝神崇拜

清乾隆本《合浦县志》卷六《祀典志》载合浦县境内有孟太守祠，“祀汉太守孟尝，今废”。太守祠是东汉合浦太守孟尝“珠还合浦”德政的历史物证，沿海珠民立祠祭祀他，大概是希望继续得到他在天之灵的庇护，使珍珠不再迁徙他乡，而为子孙世代所享用。

除了上述的祭祀活动、神灵崇拜，自明代起，围绕采珠活动，在距一些珠池不远的海岸也立有庙宇用于祭祀活动，以保佑该珠池珍珠丰收，珠民平安。这类庙宇见于文献记载的有两处，即“杨梅庙”和“平江庙”，均载于清乾隆本《合浦县志》卷二十《寺观志》。其中，杨梅庙位于廉州府治东南六十里（30千米）的杨梅池附近，相传古代有磐石浮海而至，渔人以为神，所以立庙祭祀。据说凡水旱疫病，祈之即应。此庙是明洪武二十九年（1396年）通判夏子辉为采珠重建，今已废。平江庙位于廉州府治东南七十五里（37.5千米）的平江池岸，也是洪武二十九年（1396年）通判夏子辉为采珠而立，今已废。

二、多神崇拜和祭祀活动产生的原因

（一）对自然灾害和海洋风险的敬畏心理

古代采珠活动是一项很艰苦和危险的水下作业。大海茫茫，风浪莫测，各种自然灾害和海中鲨鱼、毒蛇的攻击对采珠活动造成很大的威胁。人们产生了敬畏心理，只好求助于冥冥中的神灵，由此出现了许多与珠民生产和生活有关的神灵崇拜和祭祀活动。虽然由于文献资料的缺乏，我们目前尚难以全面认识古代和近现代珠民的神灵崇拜和祭祀活动，但是根据有限的史料，我们可以约略了解到古代珠民独具特色的多神崇拜和祭祀活动。

（二）祈求神灵赐福

古代环北部湾沿岸珠民的多神崇拜和祭祀活动，归根到底，是出于自身的功利目的，即祈求神灵赐福，以保佑采珠丰收和平安无事。他们希望通过祭祀活动，以换取神灵的高兴，而参加祭祀的珠民也在这种庄重而神秘的气氛中，获得了心灵上的慰藉。每逢开采珍珠之时，珠民首先会行祈祷之事。《广东新语》卷十五《货语》载："凡采生珠，以二月之望为始，珠户人招集赢夫，割五大牲以祷，稍不虔洁，则大风翻搅海水，或有大鱼在蚌蛤左右，珠不可得。又复望祭于白龙池，以斯池接近交趾，其水深不可得珠，冀珠神移其大珠至于边海也。"[①]这段记载反映了当时珠民民间信仰的存在。由于当时社会生产力水平还比较低下，这些多神崇拜和祭祀活动不免带有很多唯心的、迷信的色彩，甚至对社会生产力的发展也有一些阻碍作用，但是多神崇拜和祭祀活动是与采珠活动密切相关的，甚至是无比重要的，它给沿海珠民增强了信心、力量和希望，给珠民提供了重要的精神支柱，是影响当时当地社会经济发展的重要因素。

围绕采珠活动，形成了一系列多神崇拜和祭祀活动，这些活动也反映了南珠文化的丰富内涵。

① 屈大均：《广东新语》卷十五《货语》，中华书局，1985，第412页。

第四章

南珠的商贸

疍民生活在海上，由于地理环境的影响，疍民从事不了种植业，从海里采捞的海产品是他们的主要生活来源。这样一来，就出现了疍民用珍珠与岸上民众交换粮食的现象。随着珍珠作为贡品进贡到朝廷，珍珠的知名度逐渐扩大，越来越多的达官显贵关注到珍珠，大量购买珍珠，以彰显其地位。无论是平民百姓还是达官显贵，都崇尚珍珠，以拥有珍珠为荣。进行珍珠买卖的人越来越多，他们聚集在合浦的某一个区域，慢慢地就形成了珠市。珠市的形成反过来带动了合浦珍珠商贸的发展，促进了合浦经济的发展。在明代，合浦珍珠依然作为地方的奇珍异宝进贡给朝廷，由于实行海禁政策与禁珠政策，明朝初期的合浦珍珠贸易往来局限于周边地区，贸易较频繁。明朝中后期是北部湾沿海珍珠商贸最为鼎盛的时期，朝廷更是派出珠池太监负责整个珍珠进贡的流程，并且授权让朝廷官员大量收购民间散珠并押送回京。

一、南珠商贸的形式和政策

（一）朝贡贸易

明末清初屈大均《广东新语》写道："合浦珠名曰南珠，其出西洋者曰西珠，出东洋者曰东珠。东珠豆青白色，其光润不如西珠，西珠又不如南珠。"[①]屈大均认为在世界三大珠中，南珠是最好的。合浦南珠闻名于全国，自古以来合浦珍珠就作为地方奇珍异宝进贡到朝廷。《后汉书·顺帝纪》载："桂阳太守文砻，不惟竭忠，宣畅本朝，而远献大珠，以求幸媚，今封以还之。"[②]汉代桂阳太守进贡大珠以求汉王朝庇护。在唐广德二年（764年），宁龄先在向唐代宗进言合浦珍珠产业举措的《合浦珠还状》中称："合浦县海内珠池，自天宝元年以来，官吏无政，珠逃不见，二十年间，阙于进奉。"《岭表录异》云："每年刺史修贡，自监珠户

---

① 屈大均：《广东新语》卷十五《货语》，中华书局，1985，第414页。

② 范晔：《后汉书》，中华书局，1965，第256页。

入池。”在唐代，珍珠已经源源不断地运送到京城地区。宋徽宗在政和四年（1114年）十二月，下诏令让广南市舶司岁贡珍珠。如前所述，自商朝开始，合浦的珍珠就已经作为贡品而受到中央王朝的重视。

明朝中后期是珍珠采捞最鼎盛的时期，同时也是合浦珍珠进贡的鼎盛时期。据统计，明代大规模的采珠活动有20多次。在明代任廉州知府的胡鳌著的《采珠议》中记载："自天顺间采，至弘治十二年方采，岁月久，螺蚌生老，大者复多，是以得珠二万八千两。及正德九年采，又隔一十五年矣，仅得珠一万四千两。嘉靖五年采，亦越一十二年，而得之数又止八千余两，不及前多矣。嘉靖九年采，亦隔三年，止得珠五千七百余两，碎小不堪。嘉靖十二年，行回复取，得珠一万余两。"[1]可知当时采珠的最高纪录是二万八千两。

明政府除了直接下令采捞珍珠，还命令官员到珠池地进行采办。天顺三年（1459年），太监福安称："上命监察御史吕洪同内官，往广东雷州、廉州二府，杨梅等珠池采办。"[2]

（二）民间贸易

《后汉书·孟尝传》记载的合浦"郡不产谷实，而海出珠宝，与交阯比境，常通商贩，贸籴粮食"。在汉代，以采珠为业的民众，用珍珠交换生活物资。南朝《述异记》载"合浦有珠市"，反映这一时期，合浦珍珠贸易已经非常的繁荣，出现了以珍珠买卖的圩市。宋周去非《岭外代答》云："珠熟之年，疍家不善为价，冒死得之，尽为黠民以升酒斗粟，一易数两。既入其手，即分为品等铢两而卖之城中。又经数手乃至都下，其价递相倍蓰，至于不赀。"[3]疍民买卖珍珠，得到生活物资与少量银子。但历经多次交易，珍珠的价格成倍地增长。

明朝中后期，南珠的民间贸易非常繁荣。《广东新语》记载了"东粤有四

---

① 郭棐：《广东通志》卷五十三《珠池》，明万历二十七年刻本，第57页。

②《明英宗实录》，"中央研究院"历史语言研究所校印本，1931，第6371页。

③ 周去非著，杨武泉校注《岭外代答校注》卷七《宝货门》，中华书局，1999，第259页。

市”，其中就有位于合浦的“廉州珠市”。该珠市在廉州城西卖鱼桥畔，每当贸易繁盛的时候，蚌壳堆积，像一座玉山；还有“数万金珠至五芊之市，一夕而售”“而买珠之人千百”的盛况。陈吾德在《谢山存稿》中对商人贩卖珍珠进行了记载，“各处奸商携重赀，往涠洲贸易”，而这些奸商“多浙之龙游、闽之漳泉、广之东莞”。[①]这一时期，来自江浙、福建、广东等沿海一带商人来到合浦进行珍珠贸易，将收购的珍珠运回内陆，进行二次贸易。这说明了南珠商贸的繁荣，南珠在全国乃至世界范围内都有着一定的知名度。

（三）商贸政策

明朝中后期珍珠商贸活动的鼎盛，促使明政府重视对珍珠商贸的管理，并制定了一些政策，以规范整个珍珠商贸的买卖秩序。

嘉靖三十一年（1552年），明政府规定：“召买珍珠及红花枣饷等物，并入佑簿，随时酌定价银，使物价不得腾踊。”[②]这一政策既是出于减少朝廷财政支出的原因，也是为了从政府层面来稳定珍珠的价格。除此之外，嘉靖末年还规定珍珠买卖的时间，“买珠宝或十年一行，或八九年一行”[③]。由于珍珠商贸过于繁盛，明政府所出台的政策实际上并没有起到什么作用，珍珠的价格“利什于初”，珍珠贩卖活动依旧活跃。

① 陈吾德：《谢山存稿》卷七，齐鲁书社，1996，第57页。

②《明世宗实录》，“中央研究院”历史语言研究所校印本，1931，第6818页。

③ 同②，第1613页。

二、南珠采捞与商贸对经济社会的影响

（一）采捞、商贸与经济社会

（1）经济。南珠在明代作为合浦的名产，其采捞与商贸的繁荣带动了合浦及周边地区经济的发展。然而采捞过程也耗费了大量的人力和物力。《广东通志》载："开采之费，动以万计。民之膏脂与之俱竭。"

（2）海防。《广东考古辑要》卷五曰："所以何防海隘者，也至于廉州之境。犹为全广重险。"[①]廉州是环北部湾海防的重要关卡。两广军门陈大科在《奏停采珠使疏》中称："去年获侦探之倭在鸡笼、淡水之间，而入夏以来获侦探之倭在碣石柘林之近。风帆飘忽，咫尺突至则此诸寨有数之兵将，一面以御倭，又一面以防池。"[②]明代北部湾沿海倭寇猖獗，时常侵犯沿岸地区和珠池，盗采珍珠。明代设置的白龙城、海寨、涠洲游击署等机构，以及廉州卫的军队组成了一道坚固的海上防线。

（3）劳役。采珠活动也是劳役之一，称为"珠役"，这也是合浦地区特有的劳役形式。广东巡按御史李时华《稽察珠船议》记载："今开采珠池。航海数百艘夫役，数千人非习海，余皇无能为役，但夫役皆为乌合之众。"[③]很多民众并不善于下海，依然被强制性服采捞珍珠的苦役。

（4）人口迁移。据明崇祯本《廉州府志》记载，面对已有的田税及其他税收，明地方政府加以采珠之役，导致"民不聊生，转相迁徙"，人口迁徙到别处，"户安得而不日削哉？""本年天义不雨，各乡亢旱者多，丰收者少。民迫饥，若复重以采珠之役必致民命不堪，深逃远窜"。[④]干旱导致的饥荒，如果加上采珠的重役，就会导致百姓四处逃窜、流离失所。

---

① 周广：《广东考古辑要》，光绪十九年，第23页。

② 郭棐：万历《广东通志》卷五十三《珠池》，中国书店，1992，影印本，第43册，第407页。

③ 同②。

④《日本藏中国罕见地方志丛刊·〔崇祯〕廉州府志　〔雍正〕灵山县志》，书目文献出版社，1992，第89页。

（二）珠池太监的设置

明代珍珠的采捞和商贸离不开珠池太监。珠池太监在监督珍珠开采的过程中发挥着一定的监管作用。然而也有许多珠池太监利用职权之便，为自己谋私利。林富在《乞裁革珠池市船内臣疏》中曰："诚恐倚势为奸，专权生事。"①民国版《合浦县志》云："景泰间，守池太监谭纪肆横，为民所害。"②珠池太监在珠池所在地的权力过大，导致珠池太监为非作歹，剥削平民百姓，有时候还可能导致珠民的反抗。

---

①《日本藏中国罕见地方志丛刊·〔万历〕高州府志　〔万历〕雷州府志》卷四《地理志二》，书目文献出版社，1990，第194页。

②廖国器：《合浦县志》，1942，铅印本，第92页。

第五章

南珠采捞对海洋生态环境的影响

一、南珠的多次“迁徙”

根据有关史籍记载，北部湾合浦一带的南珠可能有过多次大“迁徙”。

秦汉时期两次统一岭南以后，环北部湾合浦沿岸地区掀起了采珠高潮。中原王朝对珍珠需求量的增大，使得环北部湾浅海的珍珠资源受到了历史上第一次大破坏。据《史记·秦始皇本纪》记载，秦始皇生前为自己建的陵墓是模仿秦皇宫建成的地下宫殿。地宫设百官位次，奇珍异宝堆积如山，宫殿顶部用珍珠点缀出日月星辰，下部用水银做成江河湖海的模型。虽然未见有秦朝时期环北部湾沿岸采珠和进贡珍珠的情况记载，但既然秦始皇“利越之犀角、象齿、翡翠、珠玑”[①]，发动统一岭南的战争，那么秦始皇陵墓中的一部分珍珠当是来自环北部湾地区的海水珍珠。到了汉代，因采珠活动进一步频繁，出现了“珠徙交趾”之说。《后汉书·循吏列传》载，合浦郡“先时宰守并多贪秽，诡人采求，不知纪极，珠遂渐徙于交阯郡界。……尝到官，革易前敝”[②]。此处的“尝”即孟尝，会稽上虞人，字伯周，东汉时任合浦太守，是一位清廉开明的官吏。珍珠是孕育于蛤蚌内的钙质结晶物，其生长发育需要一定的时间周期，不能过于频繁地采捞。但前任合浦太守急于中饱私囊，不顾客观规律，过度采捞珠蚌，从而导致“珠徙交趾”的后果。

秦汉以后，宫廷贵族对珍珠的需求量大大增加。到了唐代，再次出现竭泽而渔、肆意滥采珍珠的现象，使南珠的海洋生态环境受到了巨大破坏。唐代诗人元稹《采珠行》中载“海波无底珠沉海，采珠之人判死采……年年采珠珠避人，今年采珠由海神……死尽明珠空海水”[③]，是对滥采而造成海洋生态环境被严重破坏的真实写照。如唐代宁龄先的《合浦还珠状》所说：“合浦县海内珠池，自天宝元年以来，官吏无政，珠逃不见。”[④]唐代滥采珍珠现象的出现与官吏的贪婪敛财有很大关系。官吏为寻找到更好的珍珠以作为贡品或自己使用，往往竭泽而渔，肆意压迫

① 刘安等著，许匡一译注《淮南子全译》，贵州人民出版社，1993，第1105页。

② 范晔：《后汉书》卷七十六《循吏列传》，中华书局，1965，第2473页。

③ 上海古籍出版社：《全唐诗（全二册）》，上海古籍出版社，1986，第1022页。

④ 王钦若：《册府元龟》卷二十五，中华书局，1960，第266页。

沿海百姓进行大规模采捞，以致再次出现“珠逃不见”的现象。故大诗人李白有“相逢问愁苦，泪尽日南珠”之叹，可见唐代珍珠滥采现象十分严重。

明朝是合浦地区珍珠采捞最泛滥的时期。从采珠活动的频率、采珠数量，到采珠规模，都是空前的。据统计，明朝于洪武二十九年（1396年）、永乐十三年（1415年）、洪熙元年（1425年）、天顺三年（1459年）、成化元年（1465年）、成化二年（1466年）、弘治十二年（1499年）、正德九年（1514年）、正德十三年（1518年）、嘉靖五年（1526年）、嘉靖八年（1529年）、嘉靖十年（1531年）、嘉靖二十二年（1543年）、嘉靖二十六年（1547年）、嘉靖三十七年（1558年）、嘉靖四十一年（1562年）、隆庆六年（1572年）、万历二十六年（1598年）、万历二十七年（1599年）、万历二十九年（1601年）、万历四十一年（1613年）等年份组织了20多次采捞珍珠作业，其中弘治年间和万历年间的两次滥采可以说是毁灭性的。据《明史·食货志》统计，弘治十二年（1499年）一役获珠最多，计二万八千两，耗费一万余两银子。这可能是合浦地区采珠史上年采珠数量的最高纪录，其原因可能是从成化二年（1466年）到弘治十二年（1499年）这三十多年间未采珠，“珠已成老，故得之颇多”①。不过，当时明朝政府动用大量的人力、物力和财力来进行囊括式大采捞恐怕也是重要的原因。当时的广东巡抚林富在《乞罢采珠疏》中提到，弘治十二年（1499年）采珠，仅雷、廉二府就派出小槽船二百只、采珠工和船工约两千名，每月雇觅夫船并工食银五两，共耗银一千两，使用耙网、珠刀、大桶、瓦盆等器具。此外，东莞县大槽船二百只，琼州府白槽船二百只，共四百只，采珠工和船工共八千名，每月耗银四千两。②基于这样大规模的采捞，尽管“剖蚌觅珠，千百螺罕见其一”，仍可采珠二万八千两，其中需要采剖多少珠贝，是可想而知的。因此，经过弘治十二年（1499年）的大规模采珠活动之后，合浦地区各大珠池的珠贝已所剩无几了。一般来说，天然珠贝从孵化到成长，再到含珠、珠老，约需十年的时间。如果滥采，不但大大延长了采珠周期，而且还

①《日本藏中国罕见地方丛刊·〔万历〕高州府志　〔万历〕雷州府志》卷四《地理志二》，书目文献出版社，1990，第193页。

② 同①，第191页。

会使珍珠的产量变得越来越低。例如，在正德九年（1514年）和正德十三年（1518年）采珠两次，到了嘉靖五年（1526年）再采时，所得珍珠已经很少，即出现“各池螺蚌稀少，且又嫩小，以致得珠不似往年”的情况。[①]然而明朝政府仍旧于嘉靖八年（1529年）下诏采珠，所以两广巡抚林富上书说：“五年采珠之役，死者五十余人，而得珠仅八十两，天下谓以人易珠。恐今日虽以人易珠，亦不可得。”[②]过度的采珠活动会严重破坏珍珠贝的自然生态环境，也给沿海居民生活环境带来破坏，给人民带来生存风险。以嘉靖五年（1526年）为例，仅三个多月时间，参加采珠活动的人员中，“病故舍人军壮船夫共三十名，溺死军壮人夫共一十七名，风浪打沉无存船四只，被风打坏不堪撑驾并损折桅柁船共三十六只，飘流不见下落船共六只”[③]，又“富者既以货免，所刷多系下户船只，多旧且坏，所用人夫撑驾……多雇无赖光棍告照修船买办器具纷扰为甚，至船发行及封池回还自称官差，沿海打劫客商，并附近乡村，甚至污及妻女，其为患害不可胜言”[④]。甚至出现嘉靖年间乐民池“珠蚌夜飞迁交趾界”（清康熙《粤闽巡视纪略》）。万历年间，采珠活动更为频繁，从万历二十六年（1598年）到万历四十一年（1613年）不到十五年的时间，由官方组织的采珠活动多达四次，每次采珠均持续数月之久，其中还不包括非官方组织的“私采”和“盗采”，但采到的珍珠却越来越少。明天启年间（1621—1627年），珠池太监专权虐民，造成合浦珠螺“遂稀，人谓珠去矣”（民国《合浦县志·事纪》）。

明朝末年至清朝、民国期间，合浦地区未见记载有大规模的采珠活动。其中清朝末年，合浦沿海只有20余艘疍家船采捞珍珠，每天采珠5～10市斤。民国采珠业更是一落千丈，1944年合浦沿海只有几艘船采捞珍珠，每日只采珠3～5市斤，可见珠源已十分枯竭。[⑤]天然珠贝在20世纪50—60年代曾被大量发现，但个体较小。由

---

①《日本藏中国罕见地方丛刊·〔万历〕高州府志　〔万历〕雷州府志》卷四《地理志二》，书目文献出版社，1990，第192页。

② 张廷玉等：《明史》卷八十二，中华书局，1974，第1996页。

③ 同①。

④ 同①。

⑤ 合浦县志编纂委员会：《合浦县志》，广西人民出版社，1994，第304页。

于以前没有保护海产资源的法规执行，保护珍珠资源的意识较差，加上有些地方有意识进行大规模采捞，使珍珠生态环境进一步被破坏。1967—1970年，广东海康县组织船队到白龙海采捞天然珠贝数百万只，使得合浦沿海珍珠贝几近灭绝。[①]1979年，我国水产资源繁殖保护条例公布施行，珍珠资源得到了一定程度的保护。1983年5月30日，广西合浦县人民政府划定了出产南珠的马氏珠贝和解氏珠贝重点保护区，规定未经县人民政府批准，任何单位、个人一律不准擅自进入保护区内采捕珠贝。环北部湾沿岸红树林分布在合浦、钦州、防城港、雷州等地，常见树种有木榄、红海榄、桐花树等，可净化环境，是珍珠贝等海洋生物赖以生存的生态资源。然而，红树林在逐年减少。1974年，合浦县有红树林5947.6公顷，至1979年下降到2180.5公顷。北海市营盘镇白龙村一带的海面是历史上著名的杨梅池（白龙池）所在地，所产珍珠个大、质好，是首饰珠的主要来源地。这里原有红树林330公顷，后来由于被毁坏，这个历史上有名的珠池已很少有天然珠贝生长。1990年，国务院批准在合浦县山口镇一带建立国家级红树林生态自然保护区，这一举措有利于珍珠海洋生态环境的保护，有利于天然珍珠贝和天然珍珠的恢复生长。可惜的是，因为后来的过度捕捞、工业污水、频繁海洋运输、港口建设，沿海植被破坏，环北部湾沿海珍珠贝资源和天然珍珠的产量远远没有恢复到历史最高水平。可见，珍珠滥采留下的后果是十分严重的，珍珠海洋生态环境保护的任务还十分艰巨。

二、南珠采捞对海洋生态环境的破坏

（一）南珠资源的匮乏

自唐宋以来，尤其是明朝，统治者加速了对珍珠的采捞，无论是采珠的次数，还是采珠的海域，都是空前的。明朝廉州知府胡鳌《采珠议》曰：“自天顺间采，

① 黄家蕃、谈庆麟、张九皋：《南珠春秋》，广西人民出版社，1991，第70页。

至弘治十二年方采，岁月久，螺蚌生老，大者复多，是以得珠二万八千两。及正德九年采，又隔一十五年矣，仅得珠一万四千两。嘉靖五年采，亦越一十二年，而得之数又止八千余两，不及前多矣。嘉靖九年采，亦隔三年，止得珠五千七百余两，碎小不堪。嘉靖十二年，行回复取，得珠一万余两。至嘉靖二十二年采，又隔十年，海北道翁溥严立采法，四越月而始封池，计费官民银不下七千余两。其织造螺筐，起盖厂房，并杂用夫役等项，动扰于民，不预造报者，不下两千余两，仅得珠四千余两。所得不偿所费，尚且碎小歪匾不堪。今蒙复取，缘照前次采纳至今，止隔一年，螺蚌未生，纵有一二生息，又俱嫩小，亦未有珠，恐复虚费帑。”[①]从《采珠议》记载的情况可知，明代采捞珍珠的时间周期越来越短，使珍珠的生长时间大大缩短，导致每次采捞的珍珠数量越来越少，珍珠的质量也越来越差。而珠池的数量也从唐宋的断望池、杨梅池等一二处发展到青婴、平江、乌坭、杨梅、断望、竹林、玳瑁等十来个池，珍珠的采捞数量大大增加，造成了珍珠资源的匮乏。

（二）海洋生态环境的恶化

合浦、北海一带，每一次的珍珠“迁徙”都与政治腐败、人为破坏有密切关系，并非是珠贝“厌恶”污吏，而是滥采造成海洋生态的失衡及环境的恶化，致使环境不适合珠贝生存，从而使珠贝资源枯竭，人们不得不到更远的地方去寻捞珠贝。

过度的珍珠采捞与商贸，导致了明朝合浦沿海生态环境的恶化。在采捞珍珠过程中，因采捞频繁和方法不当，经常会打捞出许多海洋动植物，破坏了海洋生态环境和南珠的生长，导致珍珠资源匮乏。而珍珠资源的匮乏也导致了与之相关的海洋生物链的弱化，许多海洋生物深受影响，生态环境进一步恶化。

明代是合浦南珠采捞、进贡与商贸最鼎盛的时期，但是由于过度采捞，珍珠资源日益匮乏。直至今日，天然南珠在合浦的采捞还远远没有恢复到明朝的盛况。

---

① 郭棐、王学曾：《广东通志》卷三十七，明万历三十年刻本。

我们应吸取历史经验和教训，注意沿海生态环境尤其是传统珠池海域珠贝资源的保护，使珠贝资源能得到合理的开发与利用，更好地为经济文化建设服务。

北海市近些年来积极进行海洋生态修复，高质量发展人工养殖南珠。我们应该以史为鉴，遵循南珠的自然生长周期和保护海洋生态环境，促进人类与自然的和谐相处。

第六章 南珠养殖的历史与现状

合浦沿海珍珠养殖历史悠久，至少从南北朝起就生产出了“蚌佛”，但到了近现代，珍珠养殖就落后于日本了。新中国成立后，合浦珍珠养殖业在人工植核和养贝等方面的技术上都获得了成功，成为中国海水珍珠养殖业的龙头，急起直追日本的珍珠养殖业。但由于种种原因，珍珠养殖业发展缓慢。20世纪50年代到70年代末，珍珠养殖仍未能形成规模，珍珠产量不及日本零头。不过自20世纪80年代以来，环北部湾沿岸的南珠养殖突飞猛进，缩小了与日本的差距，使中国与日本并列为珍珠养殖大国。然而环北部湾沿岸海水珍珠养殖生产依旧存在着不少问题，必须加以解决，这样才能使古老的南珠大放光彩。

一、南珠养殖历史悠久

合浦一带的居民是中国古代最早开始采捞珍珠的，其人工养殖珍珠也可能是世界上历史最悠久的。[①]他们经过长期观察和实践，发现了蚌、贝会不断分泌出一种液体以加厚壳壁，并最早利用蚌、贝的这种天然本能，使其按照珠民的意图长成珍珠。根据史书记载，起初人们可能是把木片或蚌壳雕成佛像的模子搁在蚌壳内，几年后蚌壳内就“养”成了佛像，这就是著名的“蚌佛”。《南齐书》载：“永明七年，越州（南朝越州地望相当于今桂东南、桂南及广东西南，州治在今浦北县石埇——笔者注）献白珠，自然作思惟佛像，长三寸。上起禅灵寺，置刹下。”[②]该佛像珍珠是今合浦一带珠民自己插核而成，由越州太守呈献朝廷。西汉时期，广西南部环北部湾沿岸有着汉王朝最重要的港口——合浦和徐闻等地，西汉船队从这里扬帆远去，并已到达今东南亚和印度东南部等地，使得西汉时期佛教从海路传入广西地区。[③]佛像珍珠是环北部湾沿岸佛教文化逐渐兴盛的体现。梁慧皎在《高僧传》卷九载天竺人耆域的行程时提到，西晋初“自发天竺，至于扶南（今柬埔

① 廖国一：《环北部湾沿岸历代珍珠的采捞及其对海洋生态环境的影响》，《广西民族研究》2001 年第 1 期。
② 萧子显：《南齐书》卷十八，中华书局，1972，第 366 页。
③ 廖国一：《广西的佛教与少数民族文化》，《宗教学研究》2000 年第 4 期。

寨），经诸海滨，爰及交广”[①]。《南史》卷七十八记载：“咸安元年，交州合浦人董宗之采珠没水底，得佛光焰，交州送台，以施于像。”[②]“佛光焰”可能是一种珠贝，将之碾成粉末施于佛台，即能发光。而在考古发现方面，在浦北县南朝城址中发现了大量具有佛教因素的圆形莲花纹瓦当。从以上文献记载和考古发现可以知道，由于早期佛教的盛行，合浦一带居民已经开始了某些形式的佛教信仰，并可能已经弄清蚌、贝壳内的珍珠层是由蚌贝分泌的珍珠质所形成的。之后在隋、唐、宋、明、清各朝也都发展了“蚌佛”。宋《太平广记》载唐代苏鹗《杜阳杂编》关于“蛤像”的叙述：“唐文宗皇帝好食蛤蜊，一日，左右方盈盘而进，中有劈之不裂者，文宗疑其异，即焚香祝之。俄顷之间，其蛤自开，中有二人，形貌端秀，体质悉备，螺髻璎珞，足履菡萏，谓之菩萨。文宗遂置金粟檀香盒，以玉屑覆之，赐兴善寺，令致敬礼。”[③]这一记载虽然带有一定的神话迷信色彩，不能完全相信，但也在一定程度上反映了唐代“蚌佛”制作仍然比较盛行。一般认为，“蚌佛”珍珠的养殖是用褶纹冠蚌作为母贝，这是附壳珍珠。[④]

到了清代，“蚌佛”的制作地区越来越广，在浙江沿海地区也有出产。清代谢堃的《金玉琐碎》载“余于浙省得蚌，壳半扇生成观音佛像，兜髻珠缨，净瓶柳枝，善才童女，观音跏趺于莲座之上”[⑤]，反映了我国古代沿海居民制作的“蚌佛”产品越来越精巧，说明古代人工养殖珍珠业有了进一步的发展。

除“蚌佛”的制作外，宋代以后，我国沿海居民还养殖出了珍珠。宋代庞元英《文昌杂录》说：“礼部侍郎谢公言，有一养珠法，以今所做假珠，择光莹圆润者，取稍大蚌蛤，以清水浸之，伺其口开，急以珠投之，频换清水……玩此经两秋，即成真珠矣。”[⑥]此法与现代的珍珠养殖方法十分相似，就是将一颗光洁的加工成圆形的贝壳圆珠放到与海洋贝类（蚌或蛤）软体部分相连的壳瓣旁，再将贝类

① 释慧皎：《高僧传》卷九，中华书局，1992，第365页。
② 李延寿：《南史》卷七十八，中华书局，1975，第1956页。
③ 李昉等：《太平广记》卷九十九，中华书局，1961，第662-663页。
④ 小林新二郎、渡部哲光：《珍珠的研究》，熊大仁译，中国农业出版社，1966，第40页。
⑤ 谢堃：《金玉琐碎》卷下，扫叶山房丛钞本，光绪九年，第15页。
⑥ 庞元英：《文昌杂录》卷一，商务印书馆，1936，第4页。

重新放入受保护的海中，以形成珍珠。

清代陈白沙著《岭南偶拾》一书载，廉州（今合浦、钦州等地）疍人以鱼目插入珠蚌而成珠，并云“此乃鱼目混珠，非真珠也”[①]，说明了人工养殖珍珠与天然珍珠的区别。明末清初屈大均《广东新语》卷十五载：“合浦珠名曰南珠……凡珠有生珠，有养珠……养珠者以大蚌浸水盆中，而以蚌质车作圆珠，俟大蚌口开而投之，频易清水，乘夜置月中，大蚌采玩月华，数月即成真珠，是谓养珠。养成与生珠如一，蚌不知其出于人也。”[②]清乾隆年间廉州知府茂园在其所著的《古越见闻》一书中说：“沿海置民以核插入蚌蛤中得假珍珠，其光耀与真珠无异。”

综上所述，自南北朝至明清时期，合浦一带居民已经对人工养殖珍珠进行了早期探索，并取得了不错的成就，甚至已成功掌握个别现代养珠技术中的必要工序。这说明古代合浦地区居民是世界上较早探索人工养殖珍珠技术的人类，他们对珍珠养殖的探索在世界海洋养殖史上具有重要意义。但由于我国长期处于封建社会，环北部湾沿岸等地的人工养殖珍珠业受此影响，发展较慢，到了近现代几乎处于停滞状态，这是十分遗憾的。

二、20世纪50—70年代南珠养殖的发展与停滞

新中国成立后，党和政府十分重视发展南珠。1957年11月，周恩来总理亲自指示，要把合浦南珠搞上去，要把几千年落后的自然捕珠改为人工养殖。1958年3月26日，原合浦县地区党委遵照周总理的指示，派出干部、技术人员和工人到合浦白龙附近的火禄村创办珍珠养殖试验场，即“合浦专署水产局白龙珍珠水产养殖试验场”。这是中国有史以来第一个南珠海水人工养殖场。同时，利用马氏珍珠贝进行的三次人工植核试验也获得了成功。为及时传播经验，广东省水产厅在白龙珍珠场召开了现场会。会后，合浦沿海各公社相继成立了沙田、沙尾、啄罗、乌坭和牛屎

① 潘乐远：《合浦县志》，广西人民出版社，1994，第306-307页。

② 李昉等：《太平广记》卷九十九，中华书局，1961，第662-663页。

港等珍珠场。1959年，白龙珍珠场搬往北海南沥，为北海珍珠场前身。1961年，我国第一个人工养殖珍珠贝珠池在北海东海湾建立，开启史无前例的大规模海水珍珠养殖。经反复试验，于1963年结束了珍珠养殖试验阶段。1963年，合浦县将婆南珍珠场收归县办，成立了合浦县珍珠养殖场，共有珠贝50余万只，职工28人。1964年，合浦、北海和防城珍珠场收归广东省养殖公司经营，并成立合浦珍珠养殖总场，场址设在北海海滨公园，下辖合浦、防城两个分场，拥有珠贝200余万只，40HP拖捕珠贝机船7艘，运输船2艘，职工200多人。1965年收获人工珍珠40多千克，陈毅元帅赠词："看今朝，合浦果珠还，真无价。"

随着人工养殖珍珠事业的发展，依靠捕捞天然珠贝已经不能满足扩大再生产的需要。为此，中国科学院南海研究所与合浦珍珠养殖总场进行了马氏母贝人工育苗试验。经过多次实践，1966年水泥池育苗试验取得成功，100立方米水体共收苗155万只，为我国发展珍珠养殖奠定了人工育苗的基础，并于1967年起在两广各珍珠场进行推广。经过几年的生产实践和改进，人工育苗技术有了很大提高，生产一般都能达到设计要求，每立方米水体平均出苗量10万～15万只，还可在没有珍珠贝源的海区使用人工育苗生产珍珠幼苗。

除广西环北部湾沿岸以外，广东的雷州半岛北部湾沿岸也纷纷建立养珠场。1966年4月至9月，广东徐闻县西连大井、迈陈、外罗等地分别建珍珠场，开创了徐闻县的珍珠养殖史。同年9月，湛江地区水产局投资，与西连公社、龙腋大队在龙腑海湾联办珍珠场，取名广东省湛江地区流沙港珍珠养殖场，养殖种苗有合浦马氏珍珠贝和本地马氏珍珠贝，并于1967年从广西合浦引进母贝13万只，插核育珠3.5万只。①

"文化大革命"十年动乱期间，珍珠养殖未被重视，发展缓慢。当时的海洋渔业存在着重海洋捕捞、轻海水养殖的倾向，对海水珍珠人工养殖没有投资，技术措施也因此得不到落实，导致环北部湾沿岸各珍珠场经营不善，珍珠生产严重减产。如1966—1967年，广西环北部湾沿岸珍珠总产量由45千克降至25.5千克，降幅达43.33%。又以合浦珍珠养殖场为例，该养殖场1969年仅收珠0.25千克，1970年收珠

① 徐闻县志编纂委员会：《徐闻县志》，广东人民出版社，2000，第264页。

0.5千克，1971年收珠3.2千克，1972年收珠1.0千克，1973年收珠2.2千克，1974年收珠2.0千克，1975年收珠0.1千克，1976年收珠0.1千克。1969年，合浦珍珠养殖总场解体，分别下放给各县、市管理。然而因没有资金周转，连年亏损。防城县珍珠场1973年亏本9万多元，北海市珍珠场1971年亏本10万元，合浦珍珠场1973年亏本9万多元，各珍珠场生产处于停滞状态。

总的来说，中国的海水珍珠养殖业自1958年以来兴起于包括合浦在内的环北部湾沿岸各地。在党和政府的关怀下，依靠独立自主、自力更生的精神，环北部湾沿岸地区珍珠养殖业从无到有、从小到大，取得了珍珠养殖技术上的重大突破。但是，由于珍珠养殖体制的反复变化，且缺少大规模资金的投入和经营，再加上企业体制本身的局限性，珍珠的生产发展受到了严重影响。尤其是在“文化大革命”期间，珍珠养殖更是大受其害。虽然南珠的养殖技术在“文化大革命”前就有了突破，但直至改革开放前的20年间，其产量仍未能形成规模。同一时期，日本的珍珠生产则达到了前所未有的高度，1966年产量突破147吨，1967年产量为127吨。而此时广西环北部湾沿岸珍珠产量却不及日本珍珠产量的零头。1970—1976年，日本珍珠年产量虽有下降，但大都在50吨以上，同时期的环北部湾沿岸珍珠产量却在几千克至十几千克之间徘徊。可以说，环北部湾沿岸南珠生产错过了20世纪60—70年代极好的发展机会。

三、改革开放后南珠养殖的快速发展

党的十一届三中全会以后，以合浦为中心的环北部湾沿岸珍珠养殖业蒸蒸日上。

1981年春，党中央拨款400万元用于南珠生产。同年，广西壮族自治区合浦珍珠公司成立，将合浦、北海两个国营珍珠场收归管理，并对合浦县的营盘场和防城县的江山两个集体珍珠场实行国社联营。1982年3月，新建钦州犀牛脚珍珠场。合浦珍珠公司下设养殖场、珍珠加工厂和南珠实业公司，实行统一经营、分级核算、按股分红等办法，从体制着手，进行了一系列改革。随着经济承包责任制的实行，并按多劳多得、按劳取酬的原则发放职工工资，企业长期亏损、无人问津的状况得以扭转，生产也得到了发展。广西国营、集体6个珍珠场的产量由1981年的52.8千克提高至1984年的74.7千克。1985年以后，有关部门充分利用北海开放城市的优惠政策，发挥“南珠故乡”的自然资源优势，把发展珍珠生产作为振兴珠乡经济、群众脱贫致富的一项重要工作来抓，促进了广西环北湾沿岸珍珠养殖业的发展。至1989年，珍珠人工育苗水体有3800多立方米，育珠养贝场地有4800多亩，固定资产有3300多万元，珍珠育苗突破3亿只，收珠321千克。除国营、集体场外，还有128个珍珠养殖专业户。珍珠系统产品达100多种，部分产品已进入国际市场。此外，新的大型珍珠优质品种大珠母贝人工育苗也获得了成功。1988年，北海市珍珠公司与广西物理研究所合作，首创激光育苗，使人工育苗成活率达40%，插核成活率达60%。

从1984年到1996年的12年间，北海市珍珠养殖场由27个发展到2075个（含合浦），珍珠人工育苗水体由395立方米增加到1.1万立方米，珍珠产量由48千克增加到8000千克以上，珍珠销售额由24万元增加到6400万元。全市已形成人工育苗、珠贝养殖、珠核供应、人工植核、珍珠育成与珍珠收获一体化的珍珠生产体系。①

珍珠养殖的飞速发展也带动了北海旅游、医药等相关产业的发展，形成了生产、加工、销售一体化的格局。珍珠养殖成为当地农（渔）民最快捷、最有效的致富方式之一，出现了一大批年收入几十万甚至上百万的珍珠养殖大户。

此外，广东雷州市和海南省陵水县、文昌县等沿海地区也生产海水养殖珍珠。1986年，雷州市有珍珠养殖场765个，养殖海域面积达300万平方米，从业人员2500人。1989年产量突破1吨大关，收获珍珠1250千克；1991年收获2200千克；1995年收获7000千克；1996年收获8000～9000千克。除珍珠养殖场外，该地还有珍珠贝苗孵化场50个，珍珠贝壳加工厂8家，珍珠粉加工厂8家，珍珠链加工厂80家，年产氨基酸5000千克，已形成规模较大的配套产业，所产珍珠出口日、欧、美等地，为国家换取了大量外汇。

20世纪80年代以来，包括合浦在内的环北部湾沿岸珍珠养殖业迅速发展，使得

①《当代广西》丛书编委会，《当代广西北海市》编委会：《当代广西北海市》，广西人民出版社，1999，第148页。

我国珍珠年产量18～20吨，珍珠的质量也大大提高。尽管我国珍珠生产还不能和日本相比，但南珠已形成了广泛的国内外市场。由于近年来水质污染和人工升价，日本珍珠成本提高，一串中等品质6.0～6.5毫米海水珍珠中国售价为150美元，而同样一串海水珍珠日本则需200～220美元。日本同行认为，日本珍珠养殖业的最大威胁来自中国[①]，其中主要是来自环北部湾的合浦等地。

四、21世纪以来南珠产业质量的提升

进入21世纪后，珍珠养殖技术不断成熟，珍珠产业质量逐步提升。2000年，北海市珍珠养殖面积达3420.33公顷，插贝总数8110万只，珍珠总产量达6878千克，单产为0.85千克/万贝，总产值达12097万元。在国家农业技术推广专项资金的支持下，合浦沿海一些地方相继建立了延绳养殖深水示范基地，推动了珍珠产量和质量的提高。2001年6月，受3号台风影响，北海市珍珠养殖面积受损380万公顷，损失1420万元，珍珠养殖规模略减，但珍珠养殖单产和质量均有所提升，插万贝产珠1.25千克，珍珠商品率达95%，销售价为6000～12000元/千克。2002—2005年，珍珠养殖产量、单产和珠质保持稳步提升。2002年，推广深水育珠2000多公顷，珍珠产量达7115千克，单产为1.16千克/万贝。2003年，珍珠养殖面积达7191公顷，单产量为1.01千克/万贝。2004年，珍珠养殖丰收，收珠8120千克，单产量为1.13千克/万贝，珠层厚，光泽好，商品率达95%，平均价格达5600元/千克，比上一年提高30%。2005年，全市珍珠养殖面积达3333公顷，珍珠产量达8000千克。[②]

2005年后，珍珠种质退化，经济效益下降，南珠养殖规模出现萎缩。2007年，全市珍珠养殖面积减少至3333公顷，珍珠产量跌至6022千克。2008年是北海市珍珠养殖的转折点，南方冰冻灾害致使珍珠贝苗大量死亡，迫使一些养殖户不得不放弃珍珠养

① 周佩玲：《珍珠——珠宝皇后》，地质出版社，1999，第90-97页。

② 北海市地方志编纂委员会：《北海市志（1991～2005）》，广西人民出版社，2009，第256页。

殖，转行其他产业，遭到重创的南珠养殖随后持续低迷，至2016年跌入低谷。[①]

2017年，习近平总书记视察北海市，明确指出北海市要发展好向海经济，为南珠产业带来了新的发展机遇。北海市委、市政府将南珠纳入海洋产业发展规划，采取一系列推动产业发展的有力措施，南珠产业出现了高质量发展的强劲势头。2018年，全市南珠产量达588千克。2019年，全市南珠产量达917.82千克。[②]2020年，北海市南珠产量达1014千克，实际养殖面积为333.36公顷。2021年，全市创建南珠标准化养殖基地13个，年产南珠800千克。

北部湾地处过渡热带区，光、热、水资源丰富，珍珠自然生产海区底质为砾石砂质，自古以来就适合珍珠生产。在其他地区的自然海区里，每一万只珍珠贝一般可开采天然珍珠大约19克，如果开展人工养殖，则每一万只珍珠贝可开采人工珍珠3750克。而在北海、合浦一带珠池的自然海区里，每一万只珍珠贝可开采天然珍珠500～550克，采用人工养殖，则每一万只珍珠贝可开采出人工珍珠5000～7500克。相比之下，北海合浦海区天然珍珠产量比别处海区天然珍珠产量高出25.32～27.95倍，人工养殖珍珠产量比别处高出0.33～1倍。这是以北海、合浦为中心的环北部湾能够成为中国海水珍珠养殖业龙头的天然条件。

目前，世界珍珠市场对高质量珍珠的需求仍在上升，日本的供应已显不足。北海、合浦应抓住这一机遇，吸取历史经验教训，解决存在问题，在生产技术和经营管理方面更进一步，实施高质量发展，让合浦南珠重放光彩。

---

① 北海市政协文化文史和学习委员会：《南珠　天下第一珠》，广西民族出版社，2019，第114页。

② 同①，第5页。

第七章

南珠传说及其价值体现

合浦南珠传说属于合浦南珠文化中最具神秘色彩的一部分，它是从古代合浦的社会生活中衍生而来，带有厚重的历史感。南珠传说之所以能历经千百年还熠熠生辉，就是因为它体现了独特的历史价值，反映了古代合浦采珠史、官吏与百姓之间的关系，与百姓生活息息相关，其伴随着南珠文化的发展越发繁荣。此外，合浦南珠传说还适应了社会发展的需要，成为大众喜爱的文艺作品，在现代社会生活中发挥着独特的作用。

一、有关南珠的传说

（一）海底珠城

宋范成大《桂海虞衡志》载："珠出合浦，海中有珠池，疍户没水探蚌取之，岁有丰耗，多得谓之珠熟。相传海底有处所如城郭，大蚌居其中，有怪物守之，不可近，蚌之细碎蔓延于外，始得而采。"[①]传说合浦海中有珠池，海底有座城郭，有大蚌居其中，有怪物驻守所以进不去，后来一部分蚌慢慢繁衍、迁徙到城郭外，珠民才能够开始采珠。

（二）蛟人泣珠

关于珍珠的来源，合浦有一个美丽而又悲伤的传说。相传很久以前，一位青年在海中与凶恶海怪勇敢搏斗后受伤昏迷，人鱼公主伸出援手帮助并精心照顾他。后来两人感情日益升温，便结成了夫妻，带着夜明珠回到了人间。可惜他们得到夜明珠的消息传到了县官耳中，贪心的县官想要霸占夜明珠，便杀害了人鱼公主的丈夫。人鱼公主忍着伤痛找到县官，报了杀夫之仇，并化作一道金光射向天空，回到海里的水晶宫。合浦有宝珠的消息越传越远。朝廷知道后，便派太监来到合浦，逼迫珠民驾船出海寻找宝珠。人鱼公主故意让太监三获宝珠又三失宝珠，并掀起巨浪，将宝珠带走。

---

① 范成大著，齐治平校补《桂海虞衡志校补》，广西民族出版社，1984，第20页。

太监自知得不到宝珠，回京也性命难保，便在珍珠城自尽。大海暂时重回平静后，人鱼公主非常思念丈夫，她手捧夜明珠，泪如泉涌，眼泪变成了珍珠滚落大海。人鱼公主真挚的感情感动了海中的珠贝，每当人鱼公主滴下泪滴，珠贝就吞下，将泪滴变成了珍珠。于是，合浦一带便成了珠母海，这里出产的珍珠也闻名于世。①

（三）割股藏珠

相传在晋朝的时候，皇帝派太监坐镇珠城，强迫珠民下海采捞夜明珠。采珠能手海生为了得到夜明珠以救珠民，便冒死到杨梅池的红石潭采珠。海生与守护夜明珠的两条鲨鱼殊死搏斗，鲜血染红了海水，幸得珍珠公主救助，才免于一死。公主为救珠民，将夜明珠赠给海生。太监得到了夜明珠，连夜派重兵押宝珠回京城。当太监一行走到白龙附近的杨梅岭时，忽见海面一片白光。太监打开宝盒，发现夜明珠竟不翼而飞了。太监不得不赶回白龙城，采取“以人易珠”的毒辣手段，逼令珠民继续找珠，找不到就不能升上水面，如果空手而上便人头落地。珍珠公主为使珠民免遭劫难，再次将夜明珠献给海生。太监为确保万无一失，便将股部割开，塞入夜明珠，待伤口愈合后退返京。谁知还未走出白龙界，忽然昏天黑地，雷电炸响，地动山摇，一道白光划破长空，直向白龙海面。太监割开伤口一看，夜明珠早已无影无踪。太监无法向皇帝交差，不得不吞金自尽。②

（四）喷水珠

相传，有一名赃官从白龙珠民手中抢夺到一颗硕大的珍珠。赃官对这颗大珍珠爱不释手，拿在掌中抚弄，不料珍珠突然喷出大水，将赃官淹死。后来人们便把这颗除暴安良的大珍珠称为“喷水珠”。③

①《中国海洋文化》编委会：《中国海洋文化·广西卷》，海洋出版社，2016，第206页。

② 北海市非物质文化遗产保护中心：《沧海遗珠》，载《北海市非物质文化遗产代表性项目名录》，漓江出版社，2016，第4页。

③ 北海市地方志编纂委员会：《北海史稿汇纂》，方志出版社，2006，第468页。

（五）还珠岭

有一位清廉的知府，在他去任之日，与家人行至城郊时，突然天昏地暗，雷电轰鸣，暴雨如注。这位知府觉得奇怪，便自言自语道："我在任上，清正廉明，日月可鉴，为何在我离任之日，老天爷这样怒我？"于是他逐一审问妻子和跟随他的仆人："谁收受了别人的财物！"老仆摇头，他的妻子跪在地上，掏出一颗洁白晶莹的珍珠哭着说："前几天，几个珠民拿着一袋珍珠要送给老爷，说老爷是珠民的救命恩人，我横竖不肯接受。我说老爷有规定，家人收受别人礼物、财银，重者要坐班房，轻者要被责打。但他们总是不依，最后我只能要了一颗。因怕你责骂，故不敢告诉你！"知府一听，大声喝道："你坏了我的清廉啊！"他接过珍珠，把它扔到路边的山岭脚下。顿时，雨止风收，天空明朗。后人将这座小山岭命名为"还珠岭"。[①]

（六）化龙珠

《广东新语》卷十五《货语》载："合浦人向有得一龙珠者，不知其为宝也，以之易粟。其人纳之口中误吞之，腹遂胀满不能食。数数入水，未几遍体龙鳞，遂化为龙，所居室陷成深渊，故今谓之龙村。嗟夫！夜光之珠可宝也，然吞之则变为鳞介，失其性并失其身，人可以不慎乎哉。"[②]相传合浦有一人误吞宝珠，随后腹胀无比，不能进食，遁入水中后不久就长出龙鳞，蜕变成龙，其所居之处坍塌成深渊，后被称为龙村。

（七）苏东坡与珍珠酒

关于珍珠酒的由来，流传着这样一个故事。一天，苏东坡来到白龙村，受到了老珠民陈大爷的热情款待，两人相谈甚欢。餐桌前，陈大爷一面酌酒，一面诉说采珠

---

① 北海市地方志编纂委员会：《北海史稿汇纂》，方志出版社，2006，第468页。

② 屈大均：《广东新语》卷十五《货语》，中华书局，1985，第425页。

艰辛、珠税繁重的苦情，还从木箱里拿出几颗硕大的珍珠，递给苏东坡："这几颗珠子是上个月采回来的，颗粒还完整，你带回做个纪念吧！"苏东坡婉拒道："采珠不易，这是你们的劳动果实，我怎能拿呢？"正说着，屋外传来"嘭、嘭、嘭"的锣声，接着便有人大声嚷道："收珠税了！大家准备好珍珠，去年拖欠的今年一定要缴清……"话毕，收税官兵便开始挨家挨户地搜缴珍珠，在苏东坡观赏珍珠之时，几个官兵破门而入。苏东坡急中生智，把珍珠放进酒瓶里，将酒瓶拿在手中假装饮酒。官兵对着他俩喝道："把今年还有以前欠的珠税都交出来！"陈大爷连忙从珠袋中一股脑倒出一些细碎的珍珠，交给收珠税的官兵，说："今年采到的珍珠不多，只有一些小珍珠，还望各位官爷多多通融，来年收成好了我……"。官兵听完，转身就开始在屋里翻箱倒柜，确实没找到一颗珍珠，便恐吓陈大爷："你这老家伙，下次还不交清珠税就把你拉去坐牢！"陈大爷连连答应："是，是，是……"。官兵走后，陈大爷无奈地叹了一口气，坐下来与苏东坡重新饮起酒来。苏东坡发现酒的口感变得香醇无比，以为是陈大爷刚刚换了好酒过来，可陈大爷说这还是刚才的酒。两人对此大惑不解。喝着喝着，陈大爷突然想起刚才给苏东坡的几颗珍珠，便问道："刚才我给你的珍珠呢？"苏东坡摇着酒瓶说："我差点忘了，在里面呢！"陈大爷说："您真聪明，放在酒瓶里躲过了搜刮。"苏东坡举起酒杯，笑着说："这是珍珠酿出来的美酒呀！"陈大爷恍然大悟："难怪酒的口感变好了，这是珍珠的功劳吧？"语落，陈大爷又掏出几颗私藏的珍珠，放进另一瓶酒里泡着。果然，不一会儿酒的口感就变得香醇许多。苏东坡有感而发："真是世上难得的珍珠酒啊！"从此以后，珍珠酒的美名传遍了合浦，海边的珠民纷纷效仿，将珍珠浸到酒里制作珍珠酒，用于自饮或售卖。香醇的珍珠酒受到了大众的欢迎与追捧，珍珠酒也因此声名远播。①

（八）伏波山还珠洞传说

传说东汉伏波将军马援征交趾时体恤百姓，造福岭南当地，是难得的好官。马

① 合浦县志编纂委员会：《合浦县志》，广西人民出版社，1994，第671-672页。

援听说薏苡可以治病，便下令采摘。后来，马援船队北归，船上满载薏苡。途径桂林漓江（今伏波山河段）时，水中的龙王误以为船上的薏苡是珍珠，随即兴风作浪，使之尽倾。又一说当马援路过这里时，有人诬告他运的是从合浦搜刮来的珍珠，马援便将这些所谓的"珍珠"（薏苡）倒入漓江，让"珍珠"流回去，以证清白，后来百姓将此命名为"还珠洞"。①

除此以外，还相传在今伏波山漓江边，住着一对以打鱼为生的父子。一天，儿子在伏波深潭游泳，潜入水底时意外发现了龙宫入口。儿子进入了金碧辉煌的宫中，看到酒醉后酣睡的龙王吐出了龙珠。儿子将这颗耀眼的龙珠捧回家中，父亲知道后十分惊慌与生气，告诫儿子若龙王发现宝珠不见，定会招来祸患，且当地县官知道后也一定会来抢夺。儿子听后，连忙将龙珠送还龙宫，免除了人民的苦难。父子诚实纯洁的心灵美在世人眼中比宝珠还要耀眼，这就是"还珠洞"的来历。②

上述南珠传说是在古代合浦社会背景下形成并发展起来的。传说与现实虽有一定的差距，但其蕴含的文化价值是不可忽视的。南珠传说以其独特的方式向后世展示了古代合浦的生产、生活方式与发展历程，反映了古代合浦采珠业的兴衰。透过南珠传说提供的线索，我们在史料中也找到了相关的历史事实来对其中的信息进行验证。古代合浦的采珠业一方面存在过繁荣发展，另一方面又存在着朝廷政策不当、官吏压榨百姓的暴行。在这样的社会背景下，平民百姓将采珠生活的痛苦、无奈，以及对贪官污吏的憎恨变为口口相传的故事传说，以此来发泄不满与愤懑，也表达了渴望太平盛世的心愿。

二、南珠传说在现代的传承与发展

自20世纪50年代以来，合浦的文艺工作者在南珠传说的基础上改编创作出戏

①《桂林历史文化大典》编委会、桂林市文化新闻出版广电局、桂林市文物保护与考古研究院：《桂林历史文化大典》上，广西师范大学出版社，2018，第202页。

②高光明：《桂林山水甲天下》，广西师范大学出版社，1996，第48-49页。

剧与小说等作品，并在全国多处进行巡回演出或出版图书。此举不仅扩大了南珠传说的传播范围，还加深了南珠传说对社会的影响力。

粤剧《珠还合浦》将南珠传说中流传较广的几个传说结合在一起，具有连贯性，也与南珠传说更为贴近。该剧主要讲述的是太监喜获珍珠公主化身的夜明珠后，回京复命。为了保证珍珠能顺利到达京城，太监割股藏珠。然而才行至梅岭，夜明珠就冲破了太监的大腿，向南边飞去。夜明珠重新飞回合浦海边，照亮了整片海域。[1]粤剧《珠还合浦》利用细腻而大气的演绎手法来展现剧中的人物个性与特点，每个人物都个性鲜明，形成强烈对比。其中，官吏是贪污腐败、压榨百姓的代表，珠民是朴实无华、勤恳劳作的代表，而珍珠公主则被赋予了一种特殊的寓意。她拥有神力，可以反抗贪官污吏，表达的是合浦百姓渴望奇迹发生，能反抗珠官暴行，让生活重归宁静的心愿。不断修改、完善的剧情迎合了大众文化的需要，给人们的文化生活增添了诸多乐趣。

2018年，由中共北海市委宣传部、北海市文化新闻出版广电局主办，北海市文艺交流中心创演的大型音乐剧《珠还合浦》成功试演。该剧将神话传说和历史人物相结合，赞颂了孟尝清正廉明的崇高风范，同时宣扬了北海特色的“南珠”文化，具有重要的现实意义。2022年1月29日，《珠还合浦》荣获桂花银奖、桂花导演奖、桂花舞美设计奖、桂花表演奖，并亮相2022年广西广播电视台春节晚会。

随着社会的发展，南珠传说的现代价值体现在不同的方面。一方面，以“珠还合浦”题材的剧目为媒介，观众能够穿越历史时空，亲历饱含合浦百姓喜与悲的采珠史。而采用通俗易懂的文艺表现方式有利于扩大观众群体，也能让观众从自身的角度出发，用当代的人生观、价值观去关注历史、解读历史，以古鉴今。另一方面，珠还合浦民间传说作为广西的自治区级非物质文化遗产，《珠还合浦》戏剧、小说等的文艺创作有利于其传承与发展。地方文化作为当地人民生活的诠释，具有地方性与民族性，是地方历史的缩影，也是一个民族共同的集体记忆，传承与弘扬传统民族文化有利于增强民族凝聚力与向心力。

---

① 史晖：《非遗中的非遗——评大型神话粤剧〈合浦珠还〉》，《歌海》2013年第1期。

第八章

南珠有关的诗、文、赋、疏及碑刻

南珠在汉代以后逐渐扬名四海，除了在正史中有记载，唐代以来历代的文学家们也十分关注南珠及其传说，留下了诸多千古流芳的诗文。南珠在诗文中被作为美好的象征，“合浦珠还”大多被比喻东西失而复得或人去而复回，也有表示廉政之意。这一方面说明了南珠是古代岭南地区乃至整个中国重要的文化元素，另一方面说明了南珠在古代中国除了深受王公贵族的喜爱以外，也是文人墨客喜欢和关注的对象。与南珠有关的诗、文、赋、疏及碑刻等较为丰富，成为研究南珠历史文化的重要文献史料。

一、诗

少年新婚为之咏[1]

［南朝］沈约

山阴柳家女，莫言出田墅。
丰容好姿颜，便辟工言语。
腰肢既软弱，衣服亦华楚。
红轮映早寒，画扇迎初暑。
锦履并花纹，绣带同心苣。
罗襦金薄厕，云鬓花钗举。
我情已郁纡，何用表崎岖？
托意眉间黛，申心口上朱。
莫争三春价，坐丧千金躯。
盈尺青铜镜，径寸合浦珠。
无因达往意，欲寄双飞凫。
裾开见玉趾，衫薄映凝肤。

① 徐陵：《玉台新咏》卷八，张亚新译注，中华书局，2021，第 896 页。

羞言赵飞燕，笑杀秦罗敷。

自顾虽悴薄，冠盖曜城隅。

高门列骖驾，广路从骊驹。

何惭鹿卢剑？讵减府中趋？

还家问乡里，讵堪持作夫。

沈约（441—513年），字休文，南朝吴兴郡武康县（今浙江湖州德清）人。南朝梁的开国功臣，政治家、文学家。此诗描写的是一位新婚少女的美貌、婚配和新郎的喜悦心情。“盈尺青铜镜，径寸合浦珠”意在说明借助情物传递相爱之情，因此“青铜镜”“合浦珠”在这里是定情之物，体现了人们赋予合浦珍珠美好寓意以表达对美好生活的向往。

蛮家诗①

［唐］项斯

领得卖珠钱，还归铜柱边。

看儿调小象，打鼓试新船。

醉后眠神树，耕时语瘴烟。

不逢寒便老，相问莫知年。

项斯（810—892年），字子迁，号纯一，称元旺公，唐代台州府乐安县（今浙江仙居）人。晚唐诗人，曾任吉州刺史，被唐宣宗敕封为安定王。此诗记载了唐代有着自由买卖珍珠的现象，而“铜柱”所在指的应是岭南安南一带（今越南北部等地），说明中原地区与岭南安南之间贸易往来频繁，且珍珠是当时的贸易对象之一。

①《全唐诗》卷五百五十四，清文渊阁四库全书刻本，第383页。

留赠张御史张判官①

[唐]张说

旅窜南方远，传闻北使来。

旧庭知玉树，合浦识珠胎。

白发因愁改，丹诚托梦回。

皇恩若再造，为忆不然灰。

张说（667—730年），字道济，一字说之，唐代洛阳（今河南洛阳）人。前后三次为相，执掌文坛30年。此诗是张说仕途受挫被贬钦州时所作，诗人在偏远之地听闻朝廷使者到来，思归之情化作此诗并表达其回归政坛的忠心。诗中的合浦珠就有“珠还”之意。几年后张说被启用，此后仕途通达。

送邢桂州②

[唐]王维

铙吹喧京口，风波下洞庭。

赭圻将赤岸，击汰复扬舲。

日落江湖白，潮来天地青。

明珠归合浦，应逐使臣星。

王维（701—761年），字摩诘，号摩诘居士，唐代河东蒲州（今山西运城）人，诗人、画家。此诗是一首送别诗，王维送友人邢济到桂州（今广西桂林）上任，希望他可以像“珠还合浦”的孟尝一样有所作为、造福百姓。“明珠归合浦”里，合浦珠被寓指美政，用典巧妙。

---

① 张说著，熊飞校注《张说集校注》卷七，中华书局，2013，第297页。

② 王维著，陈铁民校注《王维集校注》卷二，中华书局，1997，第184-185页。

珠[1]

［唐］李峤

灿烂金舆侧，玲珑玉殿隈。

昆池明月满，合浦夜光回。

彩逐灵蛇转，形随舞凤来。

甘泉宫起罢，花媚望风台。

李峤（645—714年），字巨山，唐代赵郡赞皇（今河北赞皇）人。三任宰相，生前以文辞著称，晚年成为“文章宿老”。此诗是一首描写赞美合浦珍珠的诗，“昆池明月满，合浦夜光回”这两句将映在昆明池上的月影看作圆润剔透的合浦珠，尽叹合浦珍珠之美。

水怀珠[2]

［唐］莫宣卿

长川含媚色，波底孕灵珠。

素魄生蘋末，圆规照水隅。

沦涟冰彩动，荡漾瑞光铺。

迥夜星同贯，清秋岸不枯。

江妃思在掌，海客亦忘躯。

合浦当还日，恩威信已敷。

莫宣卿（834—868年），字仲节，号片玉，唐代封川县文德乡（今广东封开）人。唐宣宗大中五年（851年）中状元。此诗是莫宣卿科举考试时所作的一首应制诗，题目取自经典名句“水怀珠而川媚”。诗中生动地描绘了出产珍珠时的情景，最后用“合浦珠还”的典故表达了诗人自己的政治抱负。

①《全唐诗》卷六十，彭定求等校注，中华书局，1960，第711页。

② 李昉等：《文苑英华》卷一百八十六，中华书局，1982，第911页。

朱晞颜还珠洞题诗[①]

［宋］朱晞颜

天斫神剜不记年，洞中风景异尘寰。

江波荡漾青罗带，岩石虚明碧玉环。

地接三山真迹在，天连合浦宝珠还。

重来恍似乘槎到，惭愧云门夜不关。

朱晞颜（1132—1200年），字子渊、子团，宋代休宁（今安徽休宁）人。宋孝宗隆兴元年（1163年）进士，曾两次官桂林。此诗是朱晞颜举家出游到桂林伏波山还珠洞，题诗一首刻于洞壁，诗中描写了还珠洞绮丽的景色。还珠洞取名自“合浦珠还”的典故，诗中也用此典扣题。

寄苏子瞻自珠崖移合浦[②]

［宋］郭祥正

君恩浩荡似阳春，海外移来住海滨。

莫向沙边弄明月，夜深无数采珠人。

郭祥正（1035—1113年），字功父，一作功甫，自号谢公山人、醉吟居士、净空居士、漳南浪士等，宋代当涂（今安徽当涂）人，北宋诗人，被梅尧臣赞誉为“太白后身”。此诗记载了虽然宋太宗时期禁止岭南诸州的采珠场采珠，但其实并未完全禁止，“夜深无数采珠人”便道出了合浦采珠业仍然盛行，众多珠民仍需下海采珠的事实。

① 杜海军：《桂林石刻总集辑校》上册，中华书局，2013，第250页。

② 罗大经：《鹤林玉露》，上海古籍出版社，2012，第115页。

送李光大之海北宪司书吏[1]

[元]丁复

我闻之徽之黄山秀之聚，三十六峰比如敌。

大而散去不可数，周环纡余蛟凤舞。

瘠之为石天所斧，真宰重惜保其故。

仙者不得开洞府，李君乃生貌清古。

殷彝周鼎冰雪贮，而有锦绣之肺腑。

丈夫用世当不负，他年抱策上京去。

蓬莱宫深隔烟雾，弱水三万不可度。

祭酒先生才见取，慷慨登楼念乡土。

奉檄南归大江浒，古木阴阴覆韦布。

御史殷勤再三顾，叩之使言见平素。

小却黄堂掌书簿，溷溷泥涂塞中路，

白璧自持终不污。

前年妖蟆月更吐，天下秋风吹桂树。

炳豹文章堕群瞀，八月钱塘潮亦怒。

竟无愠色向人前，但道命邪多谬误。

行台二十四松厅，众更奇之交爱护。

百鸟啾啾徒下处，一鹗空中肆高举。

宪司十道虞有罟，纪纲庶政祛残蠹。

三在炎荒鼎而柱，五羊八桂穷险阻。

棋分南北海为部，民黎杂居性豺虎。

俗嗜相残裸负弩，滨水而采名蜑户。

一从孟尝去合浦，珠不更还远无贾。

台官择人如善估，以君政似王夷甫。

---

① 顾嗣立：《元诗选》二集下，中华书局，1987，第845页。

长干置家坐空窭，遣佐绣衣苏病苦。

君今此行人共许，还珠奚翅瞻三语。

夷齐有心当勿阻，君其勖诸报明主。

道命之行泽施溥，万钟之赐安厥予。

丁复（约1312年前后在世），字仲容，号桧亭，元代天台（今浙江天台）人。丁复在元仁宗延祐初年，北游京师被荐，但他自认为当权者很难赏识自己，不等批复便翩然离京。此诗为一首即事感怀诗，丁复在“一从孟尝去合浦，珠不更还远无贾”中用“合浦还珠”的典故表达自己对友人为官清廉的期望，后两句体现了其对选官用人的看法。

还珠亭[①]

［明］林锦

合浦还珠世所称，危亭移建事更新。

若将物理论乎感，一代恩波一代人。

林锦（1417—？），字彦章，号双溪，明代福建连江县（今福州连江）人。先后任灵山知县、廉州知府、按察使佥事。此诗记载了为孟尝重修还珠亭的事迹，既有感于孟尝任合浦太守期间革除弊政，使得珠还合浦，合浦政通人和的面貌，也为今人考证还珠亭提供了一则史料。

《采珠行　有序》[②]

［明］林兆珂

先大父少司马公之总制两粤也，疏罢采珠褫中官柄，廉人至今尸祝之。兆珂来守是邦，故老犹谈采珠中官作威状，咸颂先大父之德不衰。兆珂不敏，不克承先志，惧承平日久，未悉中官恶铁，仍蹈前辙为民害，爰系以词，不计工拙也。

① 合浦县志编纂委员会：《合浦县志》，广西人民出版社，1994，第889页。

② 同①。

骊龙惊徙鲛人愁，冯夷海若声啾啾。

七采珠玑问不得，重重具阙遭冥搜。

汉家神武威荒服，越人来贡珊瑚熟。

武皇南顾廑宸衷，节钺权寄貂珰属。

太清明月薄蟾蜍，诏书南下大征珠。

岁发金银三百万，渤澥横天尾轴轳。

倏忽狂飚吹浪起，舵折帆摧舟欲圮。

哀哀呼天天不闻，十万壮丁半生死。

死者常葬鱼腹间，生者无语摧心肝。

群驱争赵鼋鼍窟，那顾安流与急澜。

蛟鳄磨牙竟相向，积血化为海水丹。

恨不远从辽海戍，纵往死地死犹宽。

今秋天半朱霞赫，内府奇珍应可得。

万落千村半已残，后宫犹未增颜色。

内使自称王爪牙，怒目恣睢限严勒。

我祖白简弹中宫，九重天子变龙颜。

诏下明光罢开采，貂珰土色旋长安。

安吁嗟乎！以人易珠人不见。

烟水茫茫寒一片，若教今日孟尝来。

珠去无还翻所愿。

林兆珂，生卒年不详，字孟鸣，明代莆田（今福建莆田）人。万历二年（1574年）中进士。历任蒙城知县，刑部主事，廉州、安庆知府等，后辞官归，一生著述颇多。此诗记载了明朝采珠之役大兴，时有珠池太监在今合浦一带为非作歹，奴役珠民，珠民生活凄惨且命运坎坷的景象，表达了诗人对珠民强烈的同情，对统治者采珠之役的痛恨，以及对孟尝的缅怀。

二、文

荐孟尝书[1]

［汉］杨乔

臣前后七表言故合浦太守孟尝，而身轻言微，终不蒙察。区区破心，徒然而已。尝安仁弘义，耽乐道德，清行出俗，能干绝群。前更守宰，移风改政，去珠复还，饥民蒙活。且南海多珍，财产易积，掌握之内，价盈兼金，而尝单身谢病，躬耕垄次，匿景藏采，不扬华藻。实羽翮之美用，非徒腹背之毛也。而沉沦草莽，好爵莫及，廊庙之宝，弃于沟渠。且年岁有讫，桑榆行尽，而忠贞之节，永谢圣时。臣诚伤心，私用流涕。夫物以远至为珍，士以稀见为贵。槃木朽株，为万乘用者，左右为之容耳。王者取士，宜拔众之所贵。臣以斗筲之姿，趋走日月之侧。思立微节，不敢苟私乡曲。窃感禽息，亡身进贤。

杨乔，生卒年不详，字圣达，东汉会稽（今浙江绍兴）人。桓帝时为尚书。杨乔容仪伟丽，数上书言政事。桓帝爱其才貌，欲以公主妻之，杨乔固辞不从，遂不食而死。此文是杨乔作为同郡尚书向上举荐孟尝时所作，盛赞孟尝品行正直，为官清廉，出任地方官时改革弊政，使得珠还合浦。合浦沿海一带盛产珍珠，珠业发达，珍珠价比金银，可孟尝独自一人称病辞官，耕隐回乡。诗人不敢偏私同乡，只是被他的行为感动，所以冒死推荐贤人。孟尝最终没有被重用，年七十死于家中。但“合浦还珠”和孟尝的故事被奉为经典流传至今，所蕴含的深刻廉政吏治思想影响深远。

南州异物志[2]

［三国］万震

合浦民善游，采珠儿年十余岁，使教入水，官禁民采珠，巧盗者蹲水底，刮蚌得好珠，吞而出。

---

① 范晔：《后汉书》卷七十六《循吏列传》，中华书局，1965，第 2474 页。

② 欧阳询等：《艺文类聚》卷八十四《宝玉部下》，汪绍楹校，上海古籍出版社，1982，第 1438 页。

万震，生卒年不详，三国时期吴国丹阳（今属江苏）太守，地理学家。所著《南州异物志》对南海诸岛进行了记载，编纂于宋太平兴国年间的《太平御览》中有多条《南州异物志》佚文。此文记载合浦珠民擅长潜水采珠，且技艺十分高超。最初的采珠活动完全是靠人深潜，“官禁民采珠”意为防止珠民巧妙盗珠，使得珠民除善游久潜外，还学会了吞珠而出。

上言宽合浦珠禁[①]

［西晋］陶璜

合浦郡土地硗确，无有田农，百姓唯以采珠为业，商贾去来，以珠贸米。而吴时珠禁甚严，虑百姓私散好珠，禁绝来去，人以饥困。又所调猥多，限每不充。今请上珠三分输二，次者输一，粗者蠲除。自十月讫二月，非采上珠之时，听商旅往来如旧。

陶璜（？—290年），字世英，西晋丹阳秣陵（今江苏南京）人。仕吴为交州刺史。此文是陶璜归顺西晋重任交州刺史时递交给晋武帝司马炎的。文中首先简述了合浦农业不发达，百姓以采珠易米为生，而吴时为防止百姓私散好珠，禁绝商旅，导致饥民增多的状况。其后陶璜提出了新的珠禁，具体规定了采珠时间、商贸时间等。司马炎批示“并从之”，即开放珠池，让珠民能采珠为生。此文反映了当时的封建统治者对珍珠生产和商贸的重视。

艺文类聚[②]

［唐］欧阳询等

孟尝为合浦太守，郡境旧采珠，以易米食。先时二千石贪秽，使民采珠，积以自入。珠忽徙去，合浦无珠，饿死者盈路。孟尝行化，一年之间，去珠复还。又曰：汝南李敬为赵相，奴于鼠穴中得系珠，珰珥相连，以问主簿。对曰：前相夫人，昔亡三珠，疑子妇窃之，因即去妇。敬乃送珠付前相，相惭，追去妇还。

---

① 房玄龄等：《晋书》卷五十七《列传第二十七·陶璜》，中华书局，1974，第1561页。

② 欧阳询等：《艺文类聚》卷八十四《宝玉部下》，汪绍楹校，上海古籍出版社，1982，第1437页。

欧阳询（约557—641年），字信本，唐代潭州临湘县（今湖南长沙）人，大臣、书法家。与虞世南、褚遂良、薛稷三位并称“初唐四大家”，主持编撰《艺文类聚》。此文记载了谢承《后汉书》（已佚）中提及的“合浦还珠”的故事，后汉孟尝任合浦太守，合浦地产珍珠，民以采珠为生。前任太守贪得无厌，将百姓所采珠都掠为己有，因而珠蚌都迁走了，从此合浦不产珍珠。孟尝到任后，兴利除弊，郡中大化，珠蚌又渐渐迁徙回来。后以此典称颂地方官吏理政清明，也用以指美好的人或物去而复还。

太平御览[①]

［宋］李昉等

《西京杂记》曰：赵飞燕为皇后，其女弟上遗合浦圆珠珥。《梦书》曰：珠珥为人子之所贵，梦得珠珥，得子也。

李昉（925—996年），字明远，北宋深州饶阳（今河北衡水市饶阳县）人，北宋初年名相、文学家。参与编写《太平御览》《文苑英华》《太平广记》等。此文记载赵飞燕为皇后时，妹妹赵合德送上合浦珍珠耳饰为礼，反映合浦珍珠当时可用作皇家饰物，足见其珍贵。

桂海虞衡志[②]

［宋］范成大

珠，出合浦海中。有珠池，蜑户投水采蚌取之。岁有丰耗，多得谓之珠熟。相传海底有处所，如城郭，大蚌居其中，有怪物守之，不可近。蚌之细碎蔓延于外者，始得而采。

范成大（1126—1193年），字至能，一字幼元，早年自号此山居士，晚号石湖居士，南宋平江府吴县（今江苏苏州）人。南宋名臣、文学家、诗人。此文记载了

① 李昉等：《太平御览》卷六，任明、朱瑞平、聂鸿音校点，河北教育出版社，1994，第594页。

② 范成大：《桂海虞衡志》，中华书局，2002，第110页。

合浦民间流传着蚌在海底有城郭般大的居所，还有怪物守护不让珠民采珠的故事，反映了合浦丰富的南珠文化以及珠民对大海、珍珠的敬畏。

合浦还珠亭记[①]

［明］李骏

合浦，古郡也。今为县，隶廉州府。旧有亭曰还珠，盖以表孟尝之异政也。亭在今府治东北还珠岭下。屡经兵火，漫不可识。景泰五年，郡守江右李君逊始构地于稍南，而作新之，既建亭其中，又立祠其后，工力费用，皆措置有方，民悉欣然从事，无有怨咨。经始于是岁之冬，落成于明年之夏，适予按部斯郡，遂以记请予。惟州郡守吏，秩不贵于诸侯，而势等尔诸侯。始封其地，大者不过五百里，小者仅百里而已。今郡地至于千里，州犹不下数百里，俗之登耗政之巨细，金谷之出纳，教化之张弛，皆悬于长吏之贤否。以故择吏者，慎之。方汉室既东，政尚督责，当时之为郡者，率皆劬于货宝，专务诛求，由是含胎孕珠之蚌，亦皆苦之。而徒于他境。为政之弊，一至于此，尚何望其有所建明哉！独孟君之来也，去其害而兴其利，通其政而和其民，礼乐教化之具毕，修慝伏凌苦之灾不降。由是人无瘥札，物无疵疠，虽池中产珠之蚌，尝徙于他境者，亦皆感之而复还。夫以无知之微物且然。矧民吾同胞者，在当时宜无不被其惠爱矣。民无不被其惠爱，凡政之悬于郡长者，在当时亦无不建明矣。若孟君者，诚可为东汉守吏之最，而足以师表百世者也。今去孟君几千百年，而人之思孟群者同于一日，则知善政之感于人心，殆千载一时而未尝有间也。今李君能因民心之所同，而复新斯亭，以示劝因表，其义以励俗，则其为政，亦未尝不取法于孟君焉。

李骏，生卒年不详，曾任佥事。此文记载了明代为纪念汉代太守孟尝而重修合浦还珠亭的经过。文中说明了重修时间、建成地点以及为孟尝立祠，追忆了汉代合浦珠民被迫采珠上贡，珠民生活悲惨，珍珠因滥采迁徙到别处，直到孟尝任合浦太守，革除弊政，后珠还合浦的事迹。此文为今人考证还珠亭遗址提供了重要史料。

---

① 合浦县志编纂委员会：《合浦县志》，广西人民出版社，1994，第 87 页。

珠池叹　有序①

［明］顾梦圭

廉州有平江、青莺、杨梅池，雷州有乐民池，产珠地也。先朝率十五六年或十年一采，始得美珠上供。迩者三年再采，珠已竭矣，所得皆碎小。蕃泉有司，并受诘责，不知此物生息甚难，取之太频，安得圆美。每采费舟筏兵夫以万计，顽悍之民，因缘为盗。今雷廉凋敝已极，采取不止，将有他虞。余承乏摄此事，倘议复采，当疏闻圣明，必不以无益害有益也。

汉家嫔嫱无丽饰，南海逍遥养泉客。昭阳新宠斗新妆，照乘殊珠苦难得。孟尝美政龚黄班，只今人怨珠来还。玺书三年两颁降，骊龙赤蚌皆愁颜。往时中官莅合浦，巧征横索如豺虎。中官去后玺书来，谁诉边陲无限苦。野老村童不着裈，四山戎马夜纷纷。竹房无瓦缾无粟，犹折山花迓使君。

顾梦圭（1500—1558年），字武祥，号雍里昆山人，明代苏州府昆山（今苏州昆山）人。著有《疣赘录》九卷。此文记载了廉州、雷州等地是珠池所在地，反映了由于珍珠贵重因而多遭盗采，以及廉州、雷州两地人民因采珠徭役繁重而生活悲苦，导致阶级矛盾频发的现象。

格致镜原②

［清］陈元龙

《述异记》：南海有珠，即鲸目瞳，夜可以鉴，谓之夜光。凡珠有龙珠，龙所吐也。蛇珠，蛇所吐也。南海俗云：蛇珠千枚不及一玫瑰，言蛇珠贱也。越人俗云：种千亩木奴，不如一龙珠。吴越间俗说：明珠一斛，贵如王者。合浦有珠市。

陈元龙（1652—1736年），字广陵，号乾斋，清代海宁盐官（今属浙江）人。清康熙二十四年（1685年）一甲二名进士（榜眼），历任吏部侍郎、广西巡抚、文渊阁大学士兼礼部尚书等。此文记载南海产有珍珠，就是鲸鱼的瞳仁。这种珍珠夜

---

① 何远：《皇明文征》，明崇祯四年刻本。

② 陈元龙：《格致镜原》卷三十二《珍宝类一》，广陵古籍刻印社，1989，第428页。

间可以照出人影，叫作夜光珠。珍珠分为龙珠和蛇珠。南海有“蛇珠上千枚，不如一玫瑰”的俗语，“玫瑰”也是一种珍珠的名称。越人有“种千亩木奴，不如一颗龙珠”的俗语。吴越“明珠一斛，其价如玉”的俗语，都意在说明龙珠值钱而蛇珠不值钱，也表明这时的人们已将“珠”看作贵重物品。当时的合浦已有专门买卖珍珠的集市，说明当地珠业贸易发达。

三、赋

珠还合浦赋——以“不贪为宝神物自还”为韵①

［唐］陆复礼

珠行藏兮，与道为邻。政善恶兮，感物生神。私以务贪，必去土而匿耀；光之崇俭，则还浦而归淳。我政无累，匪求而至。宛若中流，昭一作照然明媚。对三光而分色，契一德而潜致。盈虚无胜一作朕，不随月魄以哉生；往返有孚，殊异奔星之出使。徒见其表迹，罔知其奚自。睹映水之新规，谓沉泉之初弃。为人利也，且一贯以称珍；与众共之，虽十斛而不匮。然知此珠之感，唯政是随。当政至而则至，偶俗离而则离。人而无道兮不去何以，人而有德兮不复何为？止旧浦而可采，同暗投而在斯。质若累累，疑照疑作点缀于霄汉；色仍皎皎，终炫耀乎涟漪。且夫彼邦政悖，我则为不居之物；彼邦政闲，我则能应道而还。岂专巨蚌是剖，实惟无胫而走。将不贪以共存，非甚爱之能守。浦之不吝，任变化以往还；珠之圆来此二字赋中屡用，案《书·秦誓》：“若弗云来”，《正义》曰：“圆，即云也”。《集韵》云：“通作国”，不可妄改。辨政理之奸不。明可以久，处泥沙而有光，知进退而不苟。利用溥博，何必取之于龙颔；报德弘多，奚犹得之于蛇口。其来也所以辅正，其去也所以戒贪。警循良之夕惕，俾傲很以知惭。勿以珠为蕴蓄，勿以珠为珍好。且还浦而难期，且离邦而难宝。将守之而勿失，在闲邪以存道。

① 李昉等：《文苑英华》卷一百一十七，中华书局，1982，第533-534页。

陆复礼，生卒年月和籍贯、生平不详。唐德宗贞元七年（791年）登进士第，曾任尚书膳部员外郎。“珠还合浦赋”是其登进士第那年科举考试的试题，此赋以“不贪为宝神物自还”为韵，以珍珠为喻，认为珍珠是检验朝廷官员是否廉洁奉公的标尺，珍珠的去留与官员是否廉政有着密切的联系，歌颂了廉政的理念。

珠还合浦赋——以“不贪为宝神物自还”为韵[①]

［唐］令狐楚

物之多兮珠为珍，通其货而济乎人。才披沙以晶耀，仪疑作俄错彩以璘玢。避无厌之心，去在他境；归克俭之政，还乎旧津。由是观德，孰云无神。相彼南州，昔无廉吏。富期润屋，贪以败类。孤汉主析珪之恩，夺苍梧易米之利。滥源既启，真质斯闭。从予旧而不山段，谅天际兮有自。孟君来止，惠政潜施。欲不欲之欲，为无为之为。不召其珠，珠无胫而至；不移其俗，俗如影之随。尔其状也，上掩星彩，遥迷月规。粲粲离离，与波逶迤。乍入潭心，时依浦口。惊泉客之初泣，疑冯夷之始剖。依于仁里，天亦何言。富彼贪夫，神之所不。沙下兮泥间，韬光而自闲。映石华之皎皎，杂鱼目之鳏鳏。岂比黄帝之使罔象，玄珠乃得；蔺生之诡秦主，荆玉斯还。由是发润洲蘋，增辉崖草，水容益媚，泽气弥好。川实効珍，地宁爱宝。隐见谅符乎龙跃，亏全非系乎蚌老。岂惟彰太守之深仁，可以表天子之至道。观夫果耀外澈，英华内含，饰君之履兮岂不可，照君之车兮岂不堪。犹未遭于采拾，尚见滞于江潭。虽旧史之录与前贤之谈，终思入掬以腾价，永得书绅而厉贪。于惟明时，不贵异物。徒饰表者招累，而握珍者难屈。是珍也居下流而委弃，历终岁而堙郁。望高鉴兮暗投，幸余波之洗拂。

令狐楚（766—837年），字壳士，自号白云孺子，唐代京兆府咸阳县（今陕西咸阳市）人，郡望敦煌（今属甘肃）。唐代中期官员、文学家。“珠还合浦赋”是唐德宗贞元七年（791年）科举考试的试题，此赋以“不贪为宝神物自还”为韵，令狐楚借珍珠为喻，认为当官员从政清廉时，珍珠才会伴随左右；而为官贪婪，珍珠则会舍弃他而去往别处，表达了其对廉政的态度。

① 李昉等：《文苑英华》卷一百一十七，中华书局，1982，第534页。

求玄珠赋——以“玄非智求珠以真得”为韵[①]

［唐］白居易

至乎哉！玄珠之为物也，渊渊绵绵，不知其然。存乎视听之表，生乎天地之先。其中有象，与道相全。求之者刳其心，俾损之又损；得之者反其性，乃玄之又玄。玄无音，听之则希；珠无体，搏之则微。故以音而求之者妄，以体而得之者非。倏尔去焉，将窅冥而齐往；忽乎来矣，与罔象而同归。是以圣人之求玄珠也，损明圣，薄仁义。索之惟艰，失之孔易。莫不以心忘心，以智去智。其难得也，剧乎剖巨蚌之胎。其难求也，甚乎待骊龙之睡。夫惟不皦不昧，至明至幽。必致之于驯致，岂求之于躁求？性失则遗，若合浦之徙去；心虚潜至，同夜光之暗投。斯乃动为道枢，静为心符。至光不耀，至真不渝。察之无形，谓其有而非有；应之有信，为其无而非无。故立喻比夫至宝，强名为之玄珠。名不徒尔，喻必有以。以不凝滞为圆，以无瑕疵为美。盖外明者不若内明之理，纯白者不若虚白之旨。藏于身不藏于川，在乎心不在乎水。然则颐其神，保其真，虽无胫求之必臻；役其识，徇其惑，虽没齿求之不得。则知珠者，无形之形；玄者，无色之色。亦何必游赤水之上，造昆丘之侧？苟悟漆园之言，可臻玄珠之极。

白居易（772—846年），字乐天，号香山居士，祖籍山西太原，到其曾祖父时迁居下邽，生于河南新郑。唐代伟大的现实主义诗人。此赋于唐贞元十六年（800年）在长安所作，是一篇说理赋。以“玄非智求珠以真得”为韵，将无形之道化为有形，将玄珠比作道的有形的意象，论述了只有遵从内心，用心去体会，才能求道、得道，领略道的奥妙。否则，如果急于求成，道就像从合浦徙去的珍珠那样失去。

---

① 白居易：《白居易全集》，丁如明、聂世美校点，上海古籍出版社，1999，第590-591页。

海客探骊珠赋——以“上下其手擘波及龙”为韵①

［唐］张随

灵海汹汹，爰有泉兮。其深九重，中有明珠。上蟠骊龙，难犯之物兮不可触，希代之珍兮不可逢。矧翕沦之莫究，曷揭厉之能从。爰有海客，贲然来适。利实诱衷，举无遗策。乃顾而言曰：“见机而作，不索何获。”我心苟专，而至宝可取；我力苟定，而洪波可擘。既览川媚之容，遂探夜光之魄。伊彼勇者，吁可骇也。俯身于碧沙泉底，挥手于骊龙颔下，所谓明浅深断、取舍而已。观其发迹潜往，澄神默想。俄径寸以盈握，倏光辉而在掌。初解碛砾，讶潭下星悬。稍出涟漪，谓川旁月上。鄙鲛人之慷慨，殊赤水之罔象。然则冒险不疑，怀贪不思。幸窃其宝，幸遭其时。向使龙目不寐一作昧，龙心是欺，则必夺尔魄、啖尔肌。救苍黄之不暇，何采掇而得之，想夫人不亦危矣。验乎事良亦凄其，则知计非尔久，利非尔有。必以其道，亮自至而无胫。是忽其生，奚独虞于伤手。亦犹贪夫徇财，自贻伊咎。君子远害，唯俭是守。故车乘见骄于宋客，骊珠垂诫于庄叟。于戯！我躬不保，虽宝谓何；彼险不陷，虽珍则那。子产常讥于狎水，仲尼昔叹于凭河。因政则来格，感恩则匪他。汉武帝受报于昆明之岸，孟尝反辉于合浦之波，岂与彼而同科哉。骊龙之泉，物不敢入。纬萧之子，一以何急。其父乃锻其珠，勖其习，能往也可及，不能往也不可及。

张随，生卒年不详（当代学者据《新唐书·宰相世系表》世次推算，认为是代宗、德宗时人），唐代韶州曲江（今广东韶关）人，为张九龄族人。《全唐文》收其赋九篇，皆律赋。此赋以“上下其手擘波及龙”为韵，骊珠传说产自骊龙的颔下，需要骊龙睡眠时才能取珠，而且极其危险。这篇赋描绘了海客为谋取利益冒险采骊珠而被骊龙救助的故事，歌颂了清正廉洁的品格。

① 李昉等：《文苑英华》卷一百一十七，中华书局，1982，第532-533页。

四、疏

乞罢采珠疏[①]

［明］林富

题为乞罢采珠，以苏民困，以光圣德事。嘉靖八年五月十八日，据广东布政司呈“为急缺珍珠等事，钦遵转行掌印官会同该道分巡守、分巡、巡海等官，查照宏治十二年采珠旧例，合用人夫船只器具与供事、官役、防护、巡缉、守港官军，于何处调取各项合用银两，于何项支给，与夫一应未尽事宜，会议呈报定夺。等因。”各备咨覆到司，该本司会同广东按察司周宣、广东都司宁漳，分守海北道参议汪恩、巡海副使李传。查得宏治十二年采珠，东莞县取大艚船二百只，琼州府白艚船二百只，共船四百只，每只用夫二十名，共夫八千名，每只每月夫船银十两，共该银四千两。雷廉二府各小艚船一百只，共船二百只，每只用夫十名，共夫二千名，每只每月夫船银五两，共银一千两；合用器具爬钢、珠刀、大桶、瓦盆、油、铁、木柜等件，令各地方官如数整备，另给价银。雷廉二府，每府搭盖棚厂。已上各银两行令各该府于藏罚、缺官、皂隶、马夫，并均繇。余剩冠带等项银两查取，广州府银二千两，潮州府银六千两，惠州府银四千两，肇庆府银三千两，琼州府银四千两。如有不敷，另于税亩、户口、食盐等项银两凑支，解发雷廉二府贮库支用，事竣造册缴报具由呈奉察院批饬。前项事宜虽已妥当，但广东频年旱灾，人民贫乏，所雇夫船，每月大者十两，小者五两，似属过少，应各量增一半，大船每月再添银五两，小船每月再添银二两五钱，先提解银二万两，解司汇发雷廉二府，贮库，事完备造细册缴报。其采取夫船，应该部领分管巡缉、与夫一应供事官役、防护官军、民快，查照先年于附近雷廉等府卫所临期调拨、及查先年供事等官，合用蔬菜，参政参议副使佥事，每员每月给银五两；知府、同知、通判、推官、指挥都事，每员每月各给银三两；知县、县丞、主簿、典吏、千百户每员每月给银二两；并兵役工食、各船号旗，俱在于该司库贮项下支用。所议未尽事宜、听守巡等官，

① 合浦县志编纂委员会：《合浦县志》，广西人民出版社，1994，第898-900页。

从宜斟酌。径自备由，呈抚按衙门、等因。遵行在案。续准分守海北道参议王俊民咨称，会同分巡副使范嵩、巡海道副使李传，择于八月二十八日开采。据各兵夫佥称：今次各池螺蚌稀少，且又嫩小，得珠难比往年。又访滨海父老，众口同声。各夫船在海，忍饥饿，涉风涛，已经三月有余，寒苦殊堪悯恻。行据委官同知章诤等查勘过，病故军壮船夫三百余名；溺死军壮船夫二百八十余名，及风浪打坏船大小七十六只，又飘流无着人船三十只。除将病故溺死，量加抚恤外，相应亟请停止，等情至司，伏查广东地方，频年兵荒，人民穷困，今又值潮水泛涨，风汛不便。访得各处刷船之时，买免卖放，大开地方总甲需索之弊。富者既以货免，所刷多系下户，船只旧而且坏，所用撑驾人夫，多雇无赖，滋扰更甚，且夤夜打劫商船，虏附近村乡，甚至污人妻女，为害不可胜言。沿海之民，俱欲逃窜，意外之变，亦未敢言。等情到臣。该臣看得惠潮等府，碣石、海丰等卫县，十分饥馑；高州等府，去年无收，春夏以来，民皆穷饿，嗷嗷待哺；梧州等府五月以来，西水泛涨，民庐漂泊，早稻淹没，秋成无望，臣日夜惶惧，窃以官何为以此时而议采珠也，何不以珠不可采，而告之陛下也？盖采珠有不可者三：一曰理，二曰势，三曰时。不可采而不采，陛下之心也；知其不可采而不为陛下言之，臣之罪也。臣闻之书曰："不作无益害有益，功乃成；不贵异物贱用物，民乃足"。夫不害有益，是以无益不可作也；不贱用物，是以异物不可贵也。但无益之作，未有不害有益者；异物之贵，未有不贱用物者。盖持衡之量之势，此重则彼轻。圣人审轻重之理，终不以此而易彼也。故尧舜抵壁于山，投珠于渊，正为此耳。且自有珠池以来，祖宗时，率数十年而一举。天顺年曾一行之，至宏治年始一行之，至正德年始又一行之。夫祖宗时，非不用珠也，而以为无益，则不必用矣。非不采珠也，而以为不可采则止耳。陛下法尧舜，法祖宗，此臣所以断之理而知其不可采者一也。且螺蚌之产珠也，一采之后，数年始生，又数年而始长，又数年而始老；计自天顺至宏治十二年蓄之者久，故得之者多，以后嫩小，故得珠有限。且病死者几何人？溺死者几何人？而得珠几何？或谓以人易珠，由今以观，恐以人易珠而亦不可得。此臣所以度之势而知其不可采者二也。又广西地方，盗贼纵横，蛮僚[1]盘据，田土荒落，调度频烦。凡宗室禄米，官军俸粮大半仰给于广东。近者思田之役，其取给又不止十之八九。故广东者广西之府藏也，府藏空则人命危矣。目今岭东岭西两道所在饥民待哺，申诉纷纷，盗贼窃发，馈饷不给，未有息肩之期，而于斯时复令采珠，从视府县派银派夫派船，诚恐民愈穷而敛愈急，将至无所措其手足，而意外之变，难保其必无！此臣所以揆之以时，而知其不可采者三也。考汉顺帝时，桂阳太守享砻献大珠，诏却之曰："海内颇有灾异，朝廷修政，大官减膳，珍玩不御。文砻不竭忠宣力，而远献大珠以求媚，其封还之。"元仁宗时，贾人有售美珠者，近侍以为言。曰："吾服御雅，不喜饰以珠玑。生民膏血，不可轻耗，汝等当广进贤才。"以恭俭远迈二君，此事特偶尔行之，亦断断知其不可采也。或谓珠之为用，成造王府、珠冠等项。臣以为陛下之于诸王，宠之以恩礼，给之以忠信，厚其禄饩，且使知陛下不以绮丽而俭素，亲亲之情，弥久而弥笃，又何论一冠之重轻耶！故曰：知其不可而不为陛下言者，臣之罪也。此臣所以不揣狂妄，披沥肝肠，敬持三不可之说，冒昧尘渎，伏愿陛下法古先以恭明命，照令德以示四方，尚恩礼以笃宗亲，敦朴素以远珍丽，省财力以厚黎元。乞敕户部将采珠暂赐报罢，则一方之民，得稍休息，俾海岭欢忭，咸呼万岁矣。

嘉靖八年十二月十五日题。

林富（1475—1540年），明代莆田县（今福建莆田）人，曾任两广巡抚。著有《省吾遗集》。此疏是林富任两广总督时力表罢珠市而上疏朝廷的。明代廉州采珠之役大兴，而主管采珠业的珠池太监横行霸道，鱼肉珠民。疏文对于珠民采珠所费的人力、财力均详细表述，对于采珠的弊端直言道出。林富对宦官的恶行无所畏惧，直言不讳设置珠池太监的害处。另外，对由于采珠业而诱发的一系列社会矛盾一一指出，又以元仁宗的典故劝诫朝廷罢止采珠业。此疏表明了林富正义凌然的为官精神及同情珠民的真实情感。

① "僚"，原文为"獠"。因"獠"为民族歧视性称谓，反映出当时的文化偏见与历史局限性，为与目前的政策、形势相适应，我们以历史唯物主义的态度来辩证对待，用偏中性且字形相近的"僚"来替代。后文如有此类情况，依此原则处理，并注出原文。

乞撤内臣疏①

［明］林富

题为应诏陈言，广圣模以答天戒事。窃臣看得广东海滨与安南占城等番接壤，先年设有内臣盘验进贡方物，迨后廉州合浦县属之杨梅、青婴等池，雷州府遂溪县属之乐民一池，出产珍珠各设内臣分池管理。成化、宏治间，乐民池产珠日少，内臣于正德年裁革，惟廉州内臣尚存。臣窃计供应之费，市舶太监与珠池太监、额编军民、殷实人户各八十名，额编门子弓兵皂隶占役不少。查往岁番船必三四年入贡一次，是番船未到之年，太监徒守株以待，实无所事事也。迨番船既至，则多方以攘其利，提举衙门官吏不敢过问，而亦并不与知，万一启衅海疆，是谁之咎？至珠池约计十馀年开采一次，守池太监一年所费，不下千金，十年以万计，割万金之费，守二池之珠，于十年之后，其得珠几何？正所谓利不能药其所伤，获不能补其所亡也。况递年额编殷实及所估匠役，无故纳银以供坐食，民力堪怜，民膏宜惜。臣愚以为市舶太监及珠池太监，俱可不必再差，以贻日朘月削之害。市舶乞敕海道副使兼管，待番船至澳，即同备倭提举等官，严加巡逻；若向来未曾通贡生番，如佛郎机之属，则驱逐不许入境，少有疏虞，听臣纠参。庶几事权归一；而外患不生。倘欲照浙闽事例，归并总镇太监，但两广与他省不同，总监驻扎梧州，若番船到日，始从梧州前诣广东省城，恐所过地方，难免滋扰，且使番商守候，非所以柔远人，肃政体。此臣所以不如归海道副使兼管之为便也。若珠池乞敕海北兵备道兼管，更为称便何也？地系道统辖，既免编役供需，而且责成亦专，禁令易行，而民困可苏也。若谓珠池乃宝源重地，宜委内使。但内外皆皇上臣子，倘重内而轻外，诚恐倚势为奸，专权滋事，害有不可胜言者。此臣所以为不如归海北兵备道兼管之为便也。伏乞皇上轸念边海军民穷蹙已甚，特敕该部将市舶珠池内臣撤回，降敕巡视海道及海北兵备道，以专责成，则省内之费，不啻齐民数千家之产，而地方幸甚，微臣幸甚。

嘉靖九年十月二十题。

此疏是林富在明朝以宦官担任珠池太监的背景下，结合当地社会情况，写就后

① 合浦县志编纂委员会：《合浦县志》，广西人民出版社，1994，第900页。

上疏朝廷。文中指出了廉州合浦县、雷州府遂溪县等地出产珍珠而设置珠池太监进行管理的经过。对于以宦官为主的珠池太监在地方为祸珠民、中饱私囊的事实真相以具体的例子道出，劝诫朝廷召回珠池太监等内臣，设置专门的地方官管辖当地，从而恢复地方秩序，减缓百姓负担。

五、碑刻

宁海寺记碑[①]

宁海寺记

……钦差内臣［杨得荣］宣德戊申年奉［敕］命来守珠池，□诚心，万［宁寺］于□年十二月戊寅日［竣］工。［我］宁海寺［祀］海神……。

宁海寺原在广西北海市铁山港区营盘镇白龙村白龙珍珠城内，此寺久废，此碑原藏白龙小学，1988年移入白龙珍珠城遗址南门外的碑亭内。碑体高156厘米，宽82厘米，厚14厘米，由龟趺（即龙生九子之一的赑屃）背驮。此碑主要记载明朝钦差内臣杨得荣奉朝廷之命守珠池，并修建宁海寺用于祀奉海神。全文约数百字，上为尚能看到的数十字。

天妃庙记碑[②]

天妃庙记

钦差内臣杨得荣立天祀庙碑

天妃，闽中湄州山人也，少即神慧，海上有［难］，舟辑得济，人民获安，故海边人各立宫［庙以］奉祀之。宣德三年，余领命来守珠池，就于海岸起立新庙一所，［祈祷神佑］宝地风平浪静，海道肃清，仍祈境内［平安］，［民］生乐业，共享太平。乃使工刻石［以纪其事］。［竣］工于宣德四年，冬十二月戊寅日立

① 北海市地方志编纂委员会：《北海史稿汇纂》，方志出版社，2006，第 564-565 页。

② 同①，第 565-566 页。

［庙碑］。［宣德］六年冬十二月已酉日也。

宣德辛亥六年冬至后四日立。

此碑立于明宣德六年（1431年），1988年兴建珍珠城碑亭挖掘地基时发现，庙已久废，现陈列于广西北海市铁山港区营盘镇白龙村白龙珍珠城遗址南门外的碑亭内。碑体高146厘米，宽74厘米，厚14厘米。碑文主要记述明朝钦差内臣杨德荣于宣德三年（1428年）奉命守珠池，并于是年开始建天妃庙，且于宣德四年（1429年）竣工，以祈祷天妃保佑。此碑有确切的纪年，对于研究明朝委派官员到合浦开采、守护珠池和研究合浦沿海的天妃信仰，具有重要的史料价值。

钦差镇守广东涠洲游击将军黄公去思碑①

钦差镇守广东涠洲游击将军黄公去思碑

盖五岭通中国自秦［汉］始。州□少慷慨喜谈兵，每言［及］岭外之险夷，遇之行□之盈缩，兵力之强弱，以及夷风□。我涠洲居海中，其下七池产珠玑，多以奉贡。而盗之□，于是不逞之徒，多犯国禁，乘长风破浪，游魂□之区。当事者乃设游击将军，开府涠洲之上，庶得弹压一方。而烽烟未息，羽书旁午，濒海居此罹于锋镝者［众］。于是朝廷据公才略，由总府坐营擢守涠洲。公既至，盗贼闻公威望，戢弓□弋者十之六七。公乃严［词］檄之。令定汛地之□奇，暇日则推牛饷士，士感恩欢呼，愿效死以报。兹事廉卫将军蔡君常仕奉委总管，两载开采下并，遭遇小丑□越侵犯，从□把总潘君□一明布略设□，舟师荡静海宇，保固清平，皆蔡君之功，而公之部下所勒侯左右中营，君□守臣□感□诸总无不□举此职。前年倭寇侵广，耽耽雷廉之间，其锋甚锐，公竞挫之。□必采一二□必搜捕必得，而海□。李公奉命采珠，与公竭虑协力，谋而谋同，相得［甚欢］□

赐进士第、朝议大夫、贵州□；广西提督学校、东莞□昌都；赐进士第、中军□福建漳州知府□；承□此□大理侍左□；广州府捕船官潘□助工银十两；陈□；简□高福政□；李□昌□陈□陈□；番禺□潘远□。

① 北海市地方志编纂委员会：《北海史稿汇纂》，方志出版社，2006，第566-567页。

大明万历二十九年季冬□吉。

此碑原立于白龙珍珠城南门外，现已移入广西北海市铁山港区营盘镇白龙村白龙珍珠城遗址南门外的碑亭内。碑体高178厘米，宽95厘米，厚17厘米。碑文主要记述明万历年间涠洲游击将军黄钟抗击倭寇的事迹，对于研究明代沿海抗倭和海防具有重要的意义。其中关于“我涠洲居海中，其下七池产珠玑，多以奉贡”及“李公奉命采珠，与公竭虑协力，谋而谋同”的记载，对于研究合浦南珠的历史具有重要的史料价值。后面为立碑人的姓名及其身份。

李爷德政碑[1]

官进侍内承运库典［印］

……民者也，遂以命公，濒海□民亦皆□用之。故而遣重臣，又以吾民□。丙年，李公□齐力问以故□会无□当□。闻开采之际，珠官一至，百姓远徙，近海百里绝无烟火□之中□过半，李公……

广州府助工银十两……

此碑立于白龙珍珠城南门外，与《钦差镇守广东涠洲游击将军黄公去思》碑并列，现已移入广西北海市铁山港区营盘镇白龙村白龙珍珠城遗址南门外的碑亭内。碑体高181厘米，宽88厘米，厚14厘米。全文数百字，大部分已经模糊不清，能够辨认的仅百余字。万历二十六年（1598年）明朝派太监李敬开采廉州珠池，万历三十七年（1609年）才召李敬回京，罢采珠，万历三十四年（1606年）李敬仍在廉州。据此，丙午年应是万历三十四年（1606年），李公即李敬。此碑主要记述了明朝太监李敬奉命守珠池事件。碑文中的“珠官一至，百姓远徙，近海百里绝无烟火”，当是追述李敬采珠以前的故事。明代采珠太监都是贪婪无耻之辈，自无德政可言。但邀功献媚者竟为之歌功颂德，立碑记功，亦当作如是观。[2]对研究明代开采合浦珠池历史具有重要的史料价值。

---

① 北海市地方志编纂委员会：《北海史稿汇纂》，方志出版社，2006，第568-569页。

② 邓兰：《白龙珍珠城古碑考》，《广西社会科学》2003年第5期。

第九章

南珠文化资源的开发现状和提升

南珠是珍珠中的上品，享有“天下第一珠”的美誉。研究南珠文化，可以了解合浦地区经济社会的历史变迁。开发南珠文化资源，则对促进南珠文化遗产发挥更大的价值，更好地服务于社会经济、文化建设，增强我国在国际上的文化影响力，具有十分重要的意义。

一、南珠文化资源的开发现状

南珠自古以来蜚声中外，是北海（合浦）的文化符号和城市名片。1958年，成立合浦珍珠养殖试验场，并诞生中国第一颗人工养殖海水珍珠。此后，南珠产业进入飞速发展期。尽管近年来受种质退化、技术创新滞后、养殖成本增加、海洋生态环境变化、产业结构调整等因素影响，南珠产业有所萎缩[①]，但作为北海（合浦）地方代表性文化资源，南珠的开发利用仍然是必要的。

（一）装饰品开发

珍珠是一种有机宝石，质地凝重结实，光泽绚丽多彩，温润明亮，不论是现在还是过去，都被视为高雅的装饰品。在古代，珍珠一直是皇室贵族的专属品。从考古发掘的资料来看，明代定陵墓主万历皇帝和皇后所戴凤冠、玉带等上都镶嵌有珍珠。[②]可见，珍珠在中国古代历史上拥有重要的地位，而珍珠的制造加工技艺在当时就已经达到了很高的水平。

现代社会里，珍珠作为装饰品仍然占据着重要位置，更多地被用来制作首饰。传统的珍珠首饰加工过程中，技术性最强、难度最大的就是珍珠首饰的造型设计与制作，它既要符合审美又要体现珍珠的文化底蕴，这不仅需要设计师心灵手巧，同时还需要其具备一定的文化意蕴。而珍珠作为特殊的宝石，工艺上通常要求保持其完

① 中国合浦南珠（北海）官方网站，银海区南珠养殖用海规划方案（2017—2030年）政策解读。

② 吴小玲、陆露：《南国珠城——北海》，三秦出版社，2003，第68页。

整性，因此在制作时更需精益求精，不得有丝毫的马虎。在北海市，用南珠设计、制作的珍珠项链、珍珠耳环、珍珠挂坠、珍珠手链、珍珠胸花以及珍珠领带夹、珍珠别扣、珍珠发夹等，造型简约大方，极富时代感，不仅畅销国内，还打入了国际市场，赢得了国内外客户的称赞。此外，北海市在珍珠加工工艺方面也有了进一步的革新，特别是珍珠的加工漂白、染色，以及珍珠首饰加工技术都处于领先的地位。而通过技术创新生产出来的珍珠，在色度、光泽度和光泽牢固程度上都达到了国际先进水平。①

除了作为首饰进行日常装饰，珍珠还有一项独特的传统工艺美术品种——珠贝镶嵌艺术。珍珠贝壳经过工艺抛光处理后，珠光闪耀，色彩绚丽，犹如彩虹。北海市一直重视培育这一地方民间艺术，在保留传统贝嵌家具制造的同时，推陈出新，创造出贝雕工艺画。这种工艺画是利用珠贝丰富而绚丽的颜色变化进行平面构图，再在珠贝上进行雕刻，从而形成立体、淡雅而富表现力的图画。作品题材主要有山水风景、花鸟动物、著名人物等，因极具中国画的传统韵味而远销海外。②

在各级政府的积极推动下，2000年以来，南珠的饰品加工产业逐渐得到了发展。通过创新，南珠饰品在众多传统工艺精品中脱颖而出，走向世界，并在国际市场上赢得了称赞。北海市在树立起南珠高雅形象的同时，也提高了南珠品牌的影响力，推动了地方经济的发展。2002年，北海市出售珍珠饰品35000件。2003年，出售珍珠饰品32000件。2006年，国家正式认证“合浦南珠”为中华人民共和国地理标志保护产品；同年，我国首家国家级珍珠质量监督检验中心——国家珍珠及珍珠制品质量监督检验中心在北海市挂牌成立。2010年，在上海世界博览会广西馆上展出的“海之皇冠”可以称为南珠饰品创新发展的巅峰之作，皇冠由228颗南珠、1880颗钻石和18K黄金镶嵌而成，惊艳全场。2011年，南珠被作为中国-东盟博览会指定珍珠礼品。2017年，贝雕精品《一帆风顺》宝船入选中国-东盟博览会指定国宾礼品。该作品将海上丝绸之路精神与贝雕完美融合，表达了对海上丝绸之路精神的敬意，展现出北海市人民传承与弘扬丝绸之路精神的信念。③

① 北海市政协文化文史和学习委员会：《南珠　天下第一珠》，广西民族出版社，2019，第93页。

② 吴小玲、陆露：《南国珠城——北海》，三秦出版社，2003，第72页。

③ 同①，第94页。

（二）药用及保健品开发

珍珠入药已有悠久的历史。中药处方中珍珠又称真珠、白龙珍珠、廉珠等。明代李时珍在《本草纲目》卷四十六中记载："真珠，释名珍珠、蚌珠、蠙珠。气味咸、甘、寒，无毒。主治镇心。点目，去肤翳障膜。涂面，令人润泽好颜色。涂手足，去皮肤逆胪。绵裹塞耳，主聋。磨翳坠痰，除面干，止泄。合知母，疗烦热消渴。合左缠根，治小儿麸豆疮入眼。除小儿惊热，安魂魄。止遗精白浊，解痘疔毒。"可见，珍珠能够安神润颜、点目去翳、塞耳去聋、催生死胎、去腐生肌。传统中医学认为，珍珠味甘、咸，性寒，归心经、肝经，有平肝潜阳、清肝明目、镇心安神、解毒生肌的功效。而现代药物研究证明，珍珠的主要成分是碳酸钙，约占所有成分的93%。其次为蛋白质，这种蛋白质在水解之后能生成人体内所需的氨基酸。同时，还含有铁、锌、铝、钡、银、硒、锗等多种人体微量元素，其中硒和锗是世界公认的防癌和抗衰老物质。[①]具体来说，珍珠主要用于治疗由惊悸怔忡、惊风癫痫、心烦失眠、肝阳上亢所导致的头痛症状，对于呼吸道充血、口腔黏膜炎症、痰涎壅盛、肺病咳血等也有功效。同时，也可外用点眼，治疗角膜红肿，外敷烧伤、创伤、溃疡等。此外，珍珠还有镇定止血生肌的功效。将珍珠研磨混合制剂涂在皮肤上，可以滋润皮肤，消除汗斑。因为珍珠中含有微量元素及珍珠角质蛋白的水解物，所以珍珠产品可直接被人体皮肤细胞吸收，增强表皮细胞活力，促进新陈代谢，从而起到养颜除斑、延缓衰老的功效。[②]利用珍珠层粉，结合高级脂肪酸醇、丙三醇和天然香料等乳化制成的珍珠霜，可以防止空气中的病毒入侵皮肤，还能平衡皮肤油脂和水分，增强皮肤的抗病能力，延缓皮肤衰老。在北海一带，民间流行用天然南珠粉作为出生婴儿在哺乳时的辅食，使婴儿皮肤白嫩，不易生疮。而使用珍珠贝制成的爽身粉也畅销国内外市场。[③]

---

① 北海市政协文化文史和学习委员会：《南珠　天下第一珠》，广西民族出版社，2019，第95页。

② 廖国一：《环北部湾沿岸珍珠资源的开发利用和保护》，《广西民族研究》2002年第3期。

③ 同①，第94页。

目前，使用珍珠制成的中成药丸、散、丹、针剂很多，有珍珠层粉、珍珠散、六应丸、行军散、牛黄丸、鸡骨草丸、眼药水、眼膏、消炎片、镇安丹、珍珠明目液、珍珠降压灵、珍菊降压片、珍珠六神丸、珍珠口服液、珍珠含片等几十种。近年来还出现了一批申报专利的珍珠产品，如强国珍珠滴眼液、珍珠口咽散、珍珠口疮冲剂、珍珠八宝散（治疗口腔疾病）、珍珠荟鳖丹（治疗乙型肝炎）、复方珍珠蛇粉、珍珠生肌散、珍珠烧伤膏、珍珠枸浆、珍珠褥疹粉等。①

（三）日用品开发

在生活条件日益改善的现代社会，人们更加注意自己的身体状况，各式各样的健康用品层出不穷。随着科学技术的发展，珍珠的实用价值逐渐体现，珍珠也逐步走进人们的日常生活中。珍珠是在珍珠贝中孕育生长而成的，而珍珠贝整体为珍珠层粉，由此可见，珍珠贝同样具有珍珠的药用价值，可散热消暑、调节体温、美容养颜，对治疗痔疮、高血压、咽喉炎、动脉硬化等疾病有意想不到的疗效。因其与珍珠相比成本更低，所以更适用于日用品的开发。广西合浦县日升贝艺有限责任公司便是一家专门生产制造珍珠贝系列产品的新兴企业。该公司的珍珠贝系列产品主要有珍珠贝头席、珍珠贝床席、珍珠贝坐垫、珍珠贝地砖等，公司选用特有的珍珠贝作为原料，经手工加工打磨所制成的产品，其设计制作较为科学，造型美观大方，同时保持了原有的珠贝光泽，是国内首创的凉爽佳品。因这类产品实用性较强，且不易损坏，很适用于办公场所，当然也是馈赠好友的佳品。此外，广西合浦县星岛湖知足垫场研发了一款天然贝壳保健按摩垫，也是用珍珠贝作为材料精制而成。使用时，将双脚放在按摩垫上，通过踩踏刺激足底穴位反射区，以达到舒筋活血、清热、平肝、明目的功效。广西精工海洋科技有限公司以贝壳为原料，生产了珍珠贝复合纳米果蔬清洗剂。

---

① 李家乐、陈蓝荪：《珍珠的价值概念和产品开发》，《水产科技情报》2007年第5期。

（四）食品开发

珍珠是原卫生部批准的二十余种可作为食品新资源的开发物质之一，珍珠酒、珍珠纯净水、珍珠酸奶、珍珠醋、珍珠奶糖等珍珠衍生品的开发，使得珍珠的应用领域更加广泛。

马氏珍珠贝肉是一种高蛋白、低脂肪、低糖、营养价值高的海产品，富含牛磺酸、多不饱和脂肪酸（EPA、DHA）、多种矿物质、微量元素和维生素，并具有与珍珠清热解毒、镇静镇惊、平肝潜阳和治疗妇女血崩等疾病的相同药效，其药用有效成分含量比珍珠和珍珠层粉还高。[①]珍珠贝在取出珍珠后，剩下的贝肉也是北海特色海鲜之一，珍珠贝肉鲜美清润，是绝佳的美味。[②]

2018年，北海市万山海投资有限公司通过实施“珍珠螺肉食用产品研发项目”，研制出12种口味的产品，并成功通过北海市科技局组织的专家评审。[③]

（五）护肤品开发

珍珠作为闻名于世的美容珍品，能润泽肌肤、护肤养颜，被历代宫廷奉为美容至尊。珍珠的有效成分能被肌肤吸收，调节肤色暗沉。其中所含的卟啉类化合物是一种抗衰老因子，可使延缓人体衰老，自然增白。[④]珍珠因此成为护肤品中的重要成分。产品包括美容珍珠粉、南珠珍珠膏、维生素E珍珠膏、维生素E珍珠霜、珍珠美容霜、珍珠活肤嫩白霜、珍珠活肤洗面乳、珍珠洗面奶、珍珠香波、珍珠眼霜、珍珠面膜、珍珠防皱霜、珍珠美肤沐浴露、珍珠痱子水、超微珍珠爽身粉、超微珍珠养颜膏、超微珍珠增白粉饼、液体珍珠软胶囊、珍珠美白精华素、珍珠粉美容保健糖、天然珍珠美白霜、天然珍珠祛痘精华霜、天然珍珠细嫩润手霜、天然珍珠防晒露等。[⑤]

---

① 王顺年、张洪亮、汪慧：《合浦珠母贝有效成分研究》，《中国海洋药物》1985年第1期。

② 吴小玲、陆露：《南国珠城——北海》，三秦出版社，2003，第75页。

③ 北海市地方志编纂委员会：《北海年鉴（2019）》，线装书局，2019，第33-36页。

④ 李家乐、陈蓝荪：《珍珠的价值概念和产品开发》，《水产科技情报》2007年第5期。

⑤ 同④。

北海市珍珠总公司珍珠护肤品厂生产了珍珠活肤洗面乳、珍珠活肤嫩白霜、维生素E珍珠霜、珍珠儿童润肤霜、珍珠收缩水等多种产品。北海市国发珍珠公司引进生物工程技术，开发了包括珍珠药物、珍珠护肤等在内的珍珠系列产品，带动了全市珍珠产业的创新与发展。2000年，北海市科学技术委员会将珍珠芦荟洗面奶、润肤霜护肤品的开发及产业化生产列为重点项目，并于2002年底完成。2002年，北海市共生产珍珠层粉32万盒，珍珠末45万盒，珍珠化妆品30万瓶。2003年，生产珍珠层粉30万盒，珍珠末40万盒，珍珠护肤化妆品33万瓶。2005年，北海市拥有以国发珍珠公司为龙头的190多家珍珠加工经营企业，开发了250多种产品，在珍珠市场上取得了较好收益。2013年，北海市对珍珠进行综合开发，系列产品达250多种。2018年，北海市黑珍珠海洋生物科技有限公司以南珠为原料研发的水源莹润霜获得"广西名牌产品"称号。[①]2020年，广西精工海洋科技有限公司，联合广西中医药大学、中科海洋生物再生资源（天津）有限公司、海南海润珍珠股份有限公司等开创以珍珠贝软体为原料，开发系列功能性保健品，开发水解南珠灵芝系列化妆品3～5个企业新产品。[②]

（六）旅游开发

北海市位于广西壮族自治区南端，空气清新，气候宜人，旅游资源丰富，是中国优秀旅游城市和国内著名的滨海旅游休闲度假胜地。我国有许多关于珍珠的神话、传说，也有许多古典小说、成语典故、传奇轶事以珍珠作为主题，深厚的珍珠文化是发展珍珠旅游的重要基础。同时，南珠作为北海市特产中的代表，成为来往游客馈赠亲友的佳品。此外，我国还有很多与珍珠相关的古珠母池、古遗迹与古建筑，具有很高的历史、艺术和科学价值。这些丰富的珍珠文物古迹、历史遗物和人文景观为发展珍珠旅游提供了条件。

---

① 北海市地方志编纂委员会：《北海年鉴（2019）》，线装书局，2019，第33-36页。

② 中国合浦南珠（北海）官方网站，《南珠标准化养殖与综合利用》。

（1）古珠母池。《旧唐书·志第二十一·地理四》载廉州合浦县“有珠母海，郡人采珠之所”。珠母海即生长珍珠母贝的海域，珠池即分布在珠母海各海域。由于水温、盐度、饵料等因素，珍珠母贝喜欢集中在某一处区域繁殖生长。古人把合浦郡东南沿海一带集中产出南珠的海域称为珠池。据《合浦县志》记载，自古以来，合浦沿海自东向西共有乌坭、平江、青婴、断望、杨梅、白沙、海猪沙等七大古珠池。因地域关系，各珠池所产的珠贝数量和珍珠质量各不相同。位于合浦县山口镇乌坭岛的乌坭古珠池，是至今既存有名字又能找出实际地址的古珠池，也是目前保存最为完整的中国南方古珠池。2006年8月，作为南珠七大古珠池之一的乌坭池被重新启用，用于人工养殖马氏珠母贝。从此，千年古珠池获得了新生，为南珠产业的发展做出了贡献。

（2）白龙珍珠城遗址。白龙珍珠城遗址位于北海市铁山港区营盘镇西部的白龙村。当时修建白龙城是为了防止倭寇的入侵。明崇祯版《廉州府志》记载，白龙城附近有两个珠池，产珠数量多、质量高，为历代朝廷所用。后来又在城中设置了诸多部门负责开采珍珠。由于优先采珠，其军事防御功能逐渐被遗忘，最终被白龙珍珠城所替代。现存的白龙珍珠城南门遗址是1992年在原址的基础上重新修建的，是广西壮族自治区文物保护单位，近年来被开发成一处旅游景点。据考古发掘推测，白龙城面积约75000平方米，南北长300多米，东西宽200多米。城以砖石为墙，高约6米。城门上有瞭望台，在当时可以看到远近采运珍珠的情况。城内设有采珠太监公馆、珠场巡检司和盐运使等衙门，专门用来监督、采购向皇帝、大臣进贡的珍珠。可见当时的采珠业已很发达。在夯制白龙珍珠城城墙时，每夯筑一层黄土就加一层珠贝，用以代替石子，层层夯实。这种特殊的墙壁形成了独特的建筑景观，见证了当时珍珠产量的盛大。这使城墙除具有观赏价值以外，还具有重要的科学考证价值。[①]

（3）南珠宫。南珠宫最早建于1958年，是集海水珍珠养殖、加工、销售为一体的产业化企业，也是中国最早开始创设的海水珍珠养殖企业。宫内建筑面积1000

① 北海市政协文化文史和学习委员会：《南珠　天下第一珠》，广西民族出版社，2019，第72-73页。

多平方米，设计独特，结构宏伟，既突出了南珠历史古韵的情调，又彰显了现代建筑装潢的气魄。[①]宫内主要展示了南珠的发展历史、南珠中的精品、南珠神话故事、南珠加工工艺、南珠养殖工艺、南珠鉴定方法、南珠产品等多方面内容，既可以直观地看到珍珠养殖箱以及罕见的巨型贝类，又可以亲身参与珍珠真假鉴别活动，以此欣赏南珠独特的魅力，增长知识，开阔视野。

（4）北海国际珍珠节。北海国际珍珠节是以“珍珠”为媒介，集产品展示、经贸洽谈于一体的经贸类节庆活动，已于1991年、1993年、1997年、2004年、2013年和2019年各举办一届，均获得圆满成功。在第四届北海国际珍珠节期间，还举办了中国·北海国际珠宝交易会、北海珍珠产业发展论坛等活动，中央电视台《同一首歌》节目也在北海市录制。从此，每届珍珠节都吸引了大批国内外知名珍珠企业、珠宝生产和加工企业到北海市参展，不仅有效提高了北部湾珍珠产业在国际上的知名度，还为国内外珠宝商提供了交流合作、洽谈的平台，有力推动了北海市扩大开放，促进了南珠产业的发展。同时，北海市还通过举办大型外沙海鲜岛篝火狂欢夜、焰火晚会以及丰富多彩的群众广场文化等活动，让中外嘉宾和全市人民充分感受珍珠节热烈的节日气氛。

（七）影视动漫开发

影视动漫是老百姓喜闻乐见的文化形式。这些动漫作品通过陈述故事内容进行信息和知识的传播，拉近了南珠与观众之间的距离，扩大了南珠的影响力，是南珠文化传播的重要媒介。广西南珠宝宝数字科技有限公司以动漫制作及南珠宝宝城市IP运营为主业，同时开拓城市广告服务业和动漫教育产业，先后制作和拍摄了《海上丝路南珠宝宝》等10多部动画片及微电影，其中第一部和第二部共39集的3D电视动画片《海上丝路南珠宝宝》已在中央电视台少儿频道、全国各大卫视和央视网、优酷、腾讯等媒体，以及泰国、老挝、柬埔寨等东盟国家知名视频平台播出，

①《海之灵魂——南珠宫》，《商品与质量》2012年第11期。

（三）增加资金投入，出台扶持政策

由于产业转型等影响，地方政府对珍珠产业的资金投入有明显缩减，使得珍珠产业科技创新能力下降，珍珠企业发展后劲不足，甚至无法正常经营。对此，地方政府应加大财政资金对珍珠产业的投入，将财政预算中的一定资金用于支持珍珠产业的科技研发，保证珍珠产业不断创新发展。同时，还可以出台扶持政策，设立珍珠产业发展基金和珍珠养殖奖励基金，帮助减轻养殖户负担，并鼓励养殖户对珍珠养殖进行资金投入，扩大养殖规模，进而提升珍珠品质，培育更多优质珍珠。针对珍珠相关研发企业，可给予适当税收优惠，积极开阔融资渠道筹集资金，鼓励民间资本积极参与南珠产业的开发，走可持续发展道路。

（四）加强市场监管，保护南珠品牌

政府及相关部门要加大对南珠交易市场的监管力度，制定和完善相关政策及制度标准，采取有效措施，严格规范市场秩序。要加强对珍珠产品价格的监管，规范价格管理体系，严厉禁止乱标价、乱打折的欺诈行为。要严厉打击制造假冒伪劣产品的行为，严格监管珍珠售卖商，杜绝黑商贩。要严格控制国外珍珠进口，保证国内珍珠市场，稳定国内珍珠市场价格。要严格按照《珍珠质量等级评定标准》，对上市珍珠进行等级评定，加强对上市珍珠产品进行质量抽查，对于欺诈行为要做出严厉处罚，保护南珠品牌声誉。[①]

（五）发展珍珠文化旅游，丰富旅游内容

结合当地旅游特色，将南珠产业与旅游产业深入融合。对一些与珍珠历史相关的景点进行重新规划和整合，修建和完善相关旅游设施，设置旅游专线，形成珍珠

① 曾丽群、单国彬：《北海市南珠产业振兴发展对策研究》，《科学养鱼》2015 年第 10 期。

文化旅游链。建立南珠培育模拟池，现场模拟插核、采珠、海底摸珠贝等场景，以便让观众身临其境，更好地普及南珠历史。设立专业讲解人员，讲解时突出展示珍珠文化。建立珍珠产业文化街区，有针对性地向游客展示养殖技术与加工技艺，系统性地宣传南珠历史文化内涵，丰富旅游内容，提升南珠旅游品牌档次。

（六）加大宣传力度，扩大南珠知名度

目前，相关单位对南珠文化的宣传力度还不够，南珠的知名度仍需要对外推广。可以建立南珠宣传服务平台，为南珠产业相关技术人员的交流合作提供便利。利用新媒体，打破空间限制，以短视频等通俗易懂、易深入人心的方式大力推广南珠文化。定期举办珍珠节、珍珠展示鉴赏会等相关活动，为国内外企业、专家提供交流平台，提高珍珠的知名度和美誉度。定期举办以南珠为主题的文艺汇演，出版发行与南珠相关的文集，建立南珠文化主题公园，建立南珠博物馆，展示南珠发展历史。加强与新闻媒体之间的合作，出品珍珠相关纪录片、电影、动画综艺节目等。[①]

---

① 庞许明、黄庆锐、贾友宏、石坚、李芳：《广西珍珠产业发展现状与对策》，《中国渔业经济》2011 年第 3 期。

参考文献

史志

[1] 徐成栋. 廉州府志［M］. 康熙六十年刻本.

[2] 张辅. 合浦县志［M］. 康熙年间善本.

[3] 陈治昌. 廉州府志［M］. 道光十三年刻本.

[4] 周广. 广东考古辑要［M］. 1893.

[5] 廖国器. 合浦县志［M］. 铅印本，1942.

[6] 龙文彬. 明会要［M］. 北京：中华书局，1956.

[7] 班固. 汉书［M］. 北京：中华书局，1962.

[8] 明世宗实录［M］. 台北："中央研究院"历史语言研究所，1962.

[9] 范晔. 后汉书［M］. 北京：中华书局，1965.

[10] 房玄龄，等. 晋书［M］. 北京：中华书局，1974.

[11] 张廷玉，等. 明史［M］. 北京：中华书局，1974.

[12] 刘煦，等. 旧唐书［M］. 北京：中华书局，1975.

[13] 宋应星. 天工开物［M］. 钟广言，注释. 广州：广东人民出版社，1976.

[14] 杜臻. 粤闽巡视纪略［M］. 上海：上海古籍书店，1979.

[15] 叶盛. 水东日记［M］. 魏中平，点校. 北京：中华书局，1980.

[16] 刘恂. 岭表录异［M］. 鲁迅，校勘. 广州：广东人民出版社，1983.

[17] 范成大，齐治平. 桂海虞衡志校补［M］. 南宁：广西民族出版社，1984.

[18] 陆容. 菽园杂记［M］. 佚之，点校. 北京：中华书局，1985.

[19] 屈大均. 广东新语［M］. 北京：中华书局，1985.

[20] 马端临. 文献通考［M］. 北京：中华书局，1986.

[21] 辞海编辑委员会. 辞海［M］. 上海：上海辞书出版社，1988.

[22] 申时行，等. 明会典（万历朝重修本）［M］. 北京：中华书局，1989.

[23] 张国经，盛熙祚，郑抱素.（崇祯）廉州府志［M］. 北京：书目文献出版社，1992.

[24] 合浦县志编纂委员会. 合浦县志［M］. 南宁：广西人民出版社，1994.

[25] 郭棐. 广东通志［M］. 第五十三卷. 北京：中国书店，影印本，1992.

[26] 陈吾德. 谢山存稿［M］. 济南：齐鲁书社，1997.

[27] 黄佐. 广东通志：上［M］. 广州：广东省地方史志办公室，1997.

[28] 广西壮族自治区地方志编纂委员会. 广西通志·大事记 [M]. 南宁：广西人民出版社，1998.
[29] 郭棐. 粤大记：下 [M]. 广州：中山大学出版社，1998.
[30] 周去非，杨武泉. 岭外代答校注 [M]. 北京：中华书局，1999.
[31] 徐闻县志编纂委员会. 徐闻县志 [M]. 广州：广东人民出版社，2000.
[32] 北海市地方志编纂委员会. 北海史稿汇纂 [M]. 北京：方志出版社，2006.
[33] 王士性. 广志绎 [M]. 周振鹤，点校. 北京：中华书局，2006.
[34]《北海年鉴（2019）》编写组. 北海年鉴 [M]. 北京：线装书局，2019.

著作

[1] 小林新二郎，渡部哲光. 珍珠的研究 [M]. 熊大仁，译. 北京：中国农业出版社，1965.
[2] 谭其骧. 中国历史地图集：第二册 [M]. 北京：中国地图出版社，1982.
[3] 庞松晖. 合浦珍珠 [M] //中国人民政治协商会议合浦县委员会. 合浦文史资料第五辑. 铅印版，1987.
[4] 周家干. 合浦珍珠志 [M]. 李英敏，校阅. 合浦县志办公室，1990.
[5] 黄家蕃，谈庆麟，张九皋. 南珠春秋 [M]. 南宁：广西人民出版社，1991.
[6] 邱灼明. 珍珠之梦——北海合浦风情诗歌散文选 [M]. 广州：广东旅游出版社，1992.
[7] 吴彩珍. 中国瑰宝——南珠 [M]. 南宁：广西民族出版社，1992.
[8] 牛秉钺. 珍珠史话 [M]. 北京：紫禁城出版社，1994.
[9] 雷坚. 广西建置沿革考录 [M]. 南宁：广西人民出版社，1996.
[10] 北海市政协文史资料委员会. 沧痕桑影录（二）[M]. 北海市政协文史资料委员会，1999.
[11]《当代广西》丛书编委会，《当代广西北海市》编委会. 当代广西北海市 [M]. 南宁：广西人民出版社，1999.
[12] 周佩玲. 珍珠 珠宝皇后 [M]. 北京：地质出版社，1999.
[13] 吴小玲，陆璐. 南国珠城——北海 [M]. 西安：三秦出版社，2003.
[14] 王世全. 中国南珠 [M]. 成都：四川美术出版社，2005.
[15] 李飞星. 中国南珠产业GVC治理方式、升级途径与模式选择 [M]. 北京：经济科学出版社，2014.
[16] 李家乐，白志毅，刘晓军. 珍珠与珍珠文化 [M]. 上海：上海科学技术出版社，2015.
[17] 北海市政协文化文史和学习委员会. 南珠 天下第一珠 [M]. 南宁：广西民族出版社，2019.
[18] 熊昭明，韦莉果. 广西古代海上丝绸之路 [M]. 南宁：广西科学技术出版社，2019.
[19] 叶吉旺，李青会，刘绮. 珠光琉影 合浦出土汉代珠饰 [M]. 南宁：广西美术出版社，2019.

期刊文章

[1] 王顺年，张洪亮，汪慧. 合浦珠母贝有效成分研究［J］. 海洋药物，1985（1）：23-26.
[2] 张志诚，陈永忠，陈焕华. 珍珠城小考［J］. 岭南文史，1986（2）：65-66.
[3] 高伟浓. 合浦珠史杂考［J］. 岭南文史，1987（2）：71-78，92.
[4] 谭启浩. 明代广东的珠池市舶太监［J］. 海交史研究，1988（1）：77-80.
[5] 王赛时. 古代合浦采珠史略［J］. 古今农业，1993（3）：89-94，75.
[6] 金启增. 当前海水珍珠养殖中的一些问题［J］. 南海研究与开发，1996（4）：43-49.
[7] 何乃华. 话说珍珠［J］. 中国宝玉石，1998（4）：46-48.
[8] 李栗纳. 珍珠的欣赏与评价［J］. 中国宝玉石，1998（4）：59.
[9] 廖国一. 广西的佛教与少数民族文化［J］. 宗教学研究，2000（4）：61-69，90.
[10] 徐杰舜. 南珠文化浅议［J］. 学术论坛，2000（1）：109-113.
[11] 廖国一. 环北部湾沿岸历代珍珠的采捞及其对海洋生态环境的影响［J］. 广西民族研究，2001（1）：95-107.
[12] 廖国一. 环北部湾沿岸珍珠养殖的历史与现状［J］. 广西民族研究，2001（4）：101-108.
[13] 廖国一. 环北部湾沿岸珍珠资源的开发利用和保护［J］. 广西民族研究，2002（3）：104-110.
[14] 邓兰. 白龙珍珠城古碑考［J］. 广西社会科学，2003（5）：160-162.
[15] 曲明东. 明朝采海珠初探［J］. 达县师范高等专科学校学报，2004（3）：71-73.
[16] 李家乐，陈蓝荪. 珍珠的价值概念和产品开发［J］. 水产科技情报，2007（5）：224-226.
[17] 庞许明，黄庆锐，贾友宏，等. 广西珍珠产业发展现状与对策［J］. 中国渔业经济，2011，29（3）：103-108.
[18] 陈贤波. 明代中后期粤西珠池设防与海上活动——以《万历武功录》“珠盗”人物传记的研究为中心［J］. 学术研究，2012（6）：112-119.
[19] 廖晨宏. 古代珍珠的地理分布及商贸状况初探——以方位称名的珍珠为例［J］. 农业考古，2012（1）：221-225.
[20] 史晖. 非遗中的非遗——评大型神话粤剧《合浦珠还》［J］. 歌海，2013（1）：70-71.
[21] 李星，刘锦男. 南珠产业在“21世纪海上丝绸之路”的战略地位［J］. 中国市场，2014（52）：70-71.
[22] 刘芳，徐鸿飞. 广西南珠发展历史、现状及对策［J］. 科学养鱼，2014（9）：1-3.
[23] 吴水田，陈平平. 刍议清代之前岭南疍民珍珠采集的时空演变［J］. 农业考古，2014（3）：260-263.

［24］曾丽群，单国彬. 北海市南珠产业振兴发展对策研究［J］. 科学养鱼，2015（10）：2-4.
［25］曾丽群，朱鹏飞，单国彬. 基于聚类分析的特色文化名村旅游开发与保护研究——以广西北海市白龙村为例［J］. 湖北农业科学，2015（17）：4338-4341.
［26］鲁浩，肖昭华. 千里水茫茫，南海明夜珰——六朝士民的“珠”印象与合浦珠业［J］. 地方文化研究，2015（4）：53-59.
［27］周健. 合浦推动南珠产业化集群发展，打造海上丝绸之路珠宝中心［J］. 新丝路，2016（11）：10-11.
［28］高志亮. “一带一路”视角下中国南珠产业的现状分析及发展战略［J］. 中国海洋经济，2017（2）：45-55.
［29］翁路. 从商汤诏贡到合浦珠市——合浦珠市在海上丝路始发港文化商贸交流中的聚集作用［J］. 文史春秋，2017（6）：48-54.
［30］范玉春. 明代北部湾北部滨海地区的社会环境与经济发展——以廉州府为视域［J］. 钦州学院学报，2018（2）：1-8.
［31］郭逸雁，秦天麟，魏嘉伟. “一带一路”下广西北海南珠产业的困境与突破研究［J］. 中国商论，2019（14）：203-207.
［32］何芳东. 采珠业的发展与合浦古代海上丝绸之路的开辟［J］. 社科纵横，2019（8）：112-117.
［33］牛凯，周金姓，陈刚. 白龙城考略［J］. 广西地方志，2019（3）：50-54.
［34］覃俊双. 合浦南珠发展现状与策略研究［J］. 广西质量监督导报，2020（4）：187-188.

论文

［1］曲明东. 明代珠池业研究［D］. 广州：华南师范大学，2005.
［2］李自炜. 南珠旅游发展模式研究［D］. 广州：广东海洋大学，2012.
［3］王涛. 明清以来南海主要渔场的开发（1368—1949）［D］. 上海：上海交通大学，2014.
［4］杨泽平. 明清时期“南珠”、“东珠”初探［D］. 广州：广东省社会科学院，2014.

报纸文章

［1］蔡庆诗. 我市珍珠生产现状问题及对策［N］. 北海日报，1995-09-13.
［2］范翔宇. 白龙珍珠城的历史文化特色及旅游开发［N］. 北海日报，2011-09-25（3）.
［3］陈财初. 弘扬南珠文化　打造向海经济［N］. 北海日报，2019-08-25（2）.

附录

合浦南珠历史文化研究论文选粹

汉唐之际合浦地区采珠业发展述论

郭超　王霞

【摘要】随着海上丝绸之路贸易的开通和发展，合浦地区采珠业逐步兴起，由于当地农业生产力水平有限，许多居民以珠贸米，维持生计。汉唐之际，朝廷无不采取措施，从设关禁珠到抽取实物，再到置珠户负责采珠，地方官吏和权贵阶层也染指采珠业，或逾意外求，采珠自入，或凭借威势，售以下值。民间采珠业在朝廷修贡和官吏、权贵贪渎的夹缝中缓慢发展。合浦地区生活着众多种属不同的少数民族，其中不乏以采珠为业者，各方垄断珠利使得稳定的社会秩序极易受到冲击，这也成为限制采珠业进一步发展的重要因素。

【关键词】汉唐之际；合浦；采珠业；珠池

学界关于汉唐之际合浦地区[①]采珠业的研究已经积累了一些成果，高伟浓的《合浦珠史杂考》[②]较早地对合浦采珠业的珠池分布、采珠人构成等问题进行考证，王赛时的《古代合浦采珠史略》[③]主要讨论历代合浦采珠业与政府管理的关系，并对南珠珍品印象以及采珠方法进行了分析，廖国一的《环北部湾沿岸历代珍珠的采捞及其对海洋生态环境的影响——环北部湾沿岸珍珠文化系列研究论文之一》[④]主要分析历代北部湾沿岸的采珠活动、采珠方法及其对海洋生态环境的影响，鲁浩、肖昭华的《千里水茫茫，南海明夜珰——六朝士民的“珠”印象与合

① 作为行政区的合浦郡、合浦县在汉唐之际多有变迁，本文所讨论的合浦地区主要是指合浦县、浦北县、北海市区及其邻近地区。

② 高伟浓：《合浦珠史杂考》，《岭南文史》1987 年第 2 期。

③ 王赛时：《古代合浦采珠史略》，《古今农业》1993 年第 3 期。

④ 廖国一：《环北部湾沿岸历代珍珠的采捞及其对海洋生态环境的影响》，《广西民族研究》2001 年第 1 期。

浦珠业》[1]则集中论述六朝时期合浦地区珍珠消耗以及采珠业与地方经济社会的关系。以上研究对于汉唐之际社会秩序与采珠业发展水平的论述仍有待加强，笔者结合传世文献，对汉唐之际合浦地区社会秩序、采珠业发展水平以及采珠人生活境况略做分析。

一、汉代合浦地区采珠业

广西地区珍珠采捞历史悠久，据《逸周书·王会解》载："正南，瓯邓、桂国、损子、产里、百濮、九菌，请令以珠玑、玳瑁、象齿、文犀、翠羽、菌鹤、短狗为献。"[2]这里的"瓯"即先秦时期分布在广西境内的西瓯族，《山海经》有"桂林八树"之说，"桂国"盖指广西地区，"珠玑"泛指珍珠，圆者称珠，不规则及较小者称玑。这段记载表明先秦时期广西地区就有采珠活动，并作为地方物产贡奉给周王室。

元鼎六年（公元前111年），汉武帝平定南越国后，即在岭南设置合浦等七郡，至此合浦被纳入汉帝国郡县体系。随着由官方组织的译使及招募者从合浦、徐闻、日南出发进行海上贸易日渐频繁，合浦地区作为始发港的地位也日益重要。早期主要携带"黄金、杂缯"交换东南亚、南亚地区的"明珠、璧流离、奇石"[3]等，之后合浦地区内外贸易逐步扩大，采珠业也发展起来。

西汉刘歆《西京杂记》中记载了赵飞燕被册封为皇后时，其妹赵合德赠"襚三十五条"，其中就有"合浦圆珰"[4]，珰为女性耳下坠饰，多为珠玉，刘宋沈怀

---

① 鲁浩、肖昭华：《千里水茫茫，南海明夜珰——六朝士民的"珠"印象与合浦珠业》，《地方文化研究》2015 年第 4 期。

② 黄怀信、张懋镕、田旭东撰，黄怀信修订，李学勤审定《逸周书汇校集注》，上海古籍出版社，1995，第 973–975 页。

③ 班固：《汉书》卷二十八《地理志》，中华书局，1962，第 1671 页。

④ 李昉等：《太平御览》卷七百一十八《服用部·珰珥》引刘歆《西京杂记》，中华书局，1960，第 3183 页。

远《南越志》认为，珍珠有九品，“有光彩，一边小平，似覆釜者，名珰珠”①，列第二品。这是文献所见合浦珠作为珍品的最早记载。王章得罪大将军王凤，死于狱中，妻子流徙“远湿难处，水土不同”②的合浦，其家属不仅没有落魄潦倒，反而通过“采珠致产数百万”③。当时米一斛约为100钱，王章家人采珠收入就可以购米数万斛，可见获利之厚。当然朝廷不可能放任民间采珠，颜师古于《汉书·地理志》合浦县下注“有关”④，汉代“关”的职能主要有管理过往商旅、征收关税、缉私防卫等。西汉时期，另一重要珍珠产地——珠崖郡，执行“内珠入于关者死”⑤的法令，可见西汉政府对于珍珠贸易进行严格限制，合浦地区应该也不例外。

朝廷严格控制民间采珠，而合浦地区居民生活大多依赖采珠业。《后汉书·孟尝传》载：“（孟）尝迁合浦太守，郡不产谷实，而海出珠宝，与交趾比境，常通商贩，贸籴粮食。”⑥可见东汉后期合浦地区民间采珠已经颇为普遍，百姓用合浦珍珠交换交趾大米，作为重要生计来源。《后汉书·任延传》言：“九真俗以射猎为业，不知牛耕。民常告籴交趾，每致困乏。”⑦九真百姓没有精耕农业的传统，食用不足时，需要从交趾交换大米，而交趾地区农业生产能力毕竟有限，合浦从交趾换取粮食也非长久之计。

合浦地区生活着众多不入编户的乌浒、俚、僚民，其中不乏以采珠为业者。东汉杨孚《异物志》载：“乌浒，取翠羽、采珠为产。”⑧而官吏贪渎，与民争利，既不利于采珠业的健康发展，也严重损害合浦地区民众生计。谢承《后汉书·孟尝传》载合浦“二千石贪秽，使民采珠，积以自入”⑨。合浦郡“宰守并多贪秽，诡人采求，不知纪极，珠遂渐徙”。宰守苛责，采珠自入，限制民间采珠活动，导致

① 徐坚等：《初学记》卷二七《珠第三》引沈怀远《南越志》，中华书局，2004，第649页。
② 焦延寿著，尚秉和注，常秉义点校《焦氏易林注》卷五《随之节》，光明日报出版社，2005，第178页。
③ 班固：《汉书》卷七十六《赵尹韩张两王传》，中华书局，1962，第3239页。
④ 同③，卷二十八《地理志》，第1630页。
⑤ 刘向：《古列女传》，尚蕊、张佩芳编译，哈尔滨出版社，2009，第158页。
⑥ 范晔：《后汉书》卷七十六《孟尝传》，中华书局，1965，第2473页。
⑦ 同⑥，卷七十六《任延传》，第2462页。
⑧ 李昉等：《太平御览》卷七百八十六《四夷部·乌浒》引杨孚《异物志》，中华书局，1965，第3480页。
⑨ 谢承：《后汉书》卷五《孟尝传》，载周天游辑注《八家后汉书辑注》，上海古籍出版社，1986，第152页。

“贫者饿死于道”①。东汉中后期，合浦蛮夷渐有起义者。元初二年（115年），苍梧蛮夷反叛，次年，“招诱郁林合浦蛮夷数千人攻苍梧郡”②，侍御史贾昌等率众亦不能平叛，后“开示慰诱，并皆降散”③。光和元年（178年），“交趾、合浦乌浒蛮反叛，招诱九真、日南，合数万人，攻没郡县”④。这次声势浩大的起义直到光和四年（181年）才被刺史朱儁平定。

二、六朝时期合浦地区采珠业

经历了汉末“珠还”的合浦，并未出现长时期百姓安居、四民乐业的情景。孙吴承汉世合浦官吏贪渎、采珠自入之弊，更加严格控制采珠业。黄武七年（228年），改合浦郡为珠官郡。《舆地广记》卷二十九《成都府路》曾这样解释成都又名锦官城的原因，“成都旧谓之锦官城，言官之所织锦也，亦犹合浦之珠官云，又或名之曰锦里城”⑤。可见改名珠官郡即是由于官府垄断合浦地区采珠业。据三国吴万震《南州异物志》言：“合浦民善游，采珠儿年十余岁，使教入水，官禁民采珠，巧盗者蹲水底刮蚌，得好珠，吞而出。”⑥虽然孙吴施行“禁民采珠”的严令，而民间盗采，时有发生。“吴时珠禁甚严，虑百姓私散好珠，禁绝来去，人以饥困，又所调猥多，限每不充。”⑦朝廷征调繁巨，超出了地方承受能力，百姓没有珍珠用于交换大米，难免饥饿、困乏。对于蛮夷也要“裁取供办”包括“名珠”在内的各类奇珍异宝，这种涸泽而渔式的剥削自然会激起民变。黄龙三年（231年），薛综向孙权上疏曰：“今日交州虽名粗定，尚有高凉宿贼，其南海、苍梧、

---

① 范晔：《后汉书》卷七十六《孟尝传》，中华书局，1965，第2473页。

② 同①，卷八十六《南蛮西南夷列传》，第2837页。

③ 同②，第3839页。

④ 同②，第3839页。

⑤ 欧阳忞：《舆地广记》卷二十九《成都府路上·成都府》，李勇先、王小红校注，四川大学出版社，2003，第832页。

⑥ 欧阳询：《艺文类聚》卷八十四《珠宝部下·珠》引万震《南州异物志》，汪绍楹校，上海古籍出版社，1982，第1438页。

⑦ 房玄龄等：《晋书》卷五十七《陶璜传》，中华书局编辑部点校，中华书局，1974，第1561页。

郁林、珠官四郡界未绥，依作寇盗，专为亡叛逋逃之薮。”[①]

采珠业关乎合浦居民生计，自然很难禁绝，在朝廷控制力削弱的孙吴后期，民间采珠又普遍起来。孙亮统治时期（252—258年），珠官郡复名合浦郡，永安六年（263年），交趾郡叛吴投魏，合浦成为吴、魏（265年晋代魏）对峙的前沿。西晋时期，熟悉交州民情的刺史陶璜上疏武帝，建议“上珠三分输二，次者输一，粗者蠲除。自十月讫二月，非采上珠之时，听商旅往来如旧。”[②]该建议为武帝所采纳，由之前“禁民采珠”到分层抽物，并在指定时间开放民间贸易，“粗者蠲除”对以珠贸米的普通合浦百姓十分有利。这个政策扭转了孙吴以来合浦采珠业的颓势，大致为东晋南朝所延，萧梁任昉《述异记》言“合浦有珠市”[③]，合浦珍珠也随珠市流转各地，成为众所周知的珍品。

晋傅玄《傅子》言“必须南国之珠而后珍”[④]，晋人葛洪《抱朴子・祛惑篇》载“凡探明珠，不于合浦之渊，不得骊龙之夜光也”[⑤]。庄子有言：“夫千金之珠，必在九重之渊而骊龙颔下。”[⑥]合浦明珠，价值千金，在西晋时被认为是稀世珍品；刘宋沈怀远在《南越志》中写道“国步清，合浦珠生”[⑦]，这里延续了孟尝政声清，合浦珠还的历史记忆，表达对政治环境改善的期盼；萧齐永明七年（489年），“越州献白珠，自然作思惟佛像，长三寸”[⑧]，时合浦属越州，此白珠当出自合浦；沈约有诗云“盈尺青铜镜，径寸合浦珠”[⑨]，径寸之珠可谓大珠；庾信在《周大将军闻嘉公柳遐墓志》中赞扬柳遐清心寡欲，“日南金柱，合浦珠泉，莫肯经怀，未常留目”[⑩]。将合浦珠泉与日南金柱并提，表明合浦多出好珠，名扬天下。

---

① 陈寿撰，裴松之注《三国志》卷五十三《吴书・薛综传》，中华书局，1964，第 1253 页。

② 房玄龄等：《晋书》卷五十七《陶璜传》，中华书局编辑部点校，中华书局，1974，第 1561 页。

③ 李昉等：《太平广记》卷四百〇二《宝・鲸鱼目》引任昉《述异记》，中华书局，1961，第 3236 页。

④ 马总著，王天海、王韧校释《意林校释》卷五，中华书局，2014，第 542 页。

⑤ 葛洪著，王明校释《抱朴子内篇校释》卷二十《祛惑》，中华书局，1986，第 345 页。

⑥ 郭庆藩：《庄子集释》卷十《列御寇》，王孝鱼点校，中华书局，2012，第 1061 页。

⑦ 王钦若等：《册府元龟（校订本）》卷二十五《帝王部・符瑞》引沈怀远《南越志》，周勋初等校订，凤凰出版社，2006，第 248 页。

⑧ 萧子显：《南齐书》卷十八《祥瑞志》，中华书局，1972，第 366 页。

⑨ 沈约：《少年新婚为之咏》，穆克宏点校，中华书局，1985，第 184-18 页。

⑩ 李昉等：《文苑英华》卷九百四十八《志》，中华书局，1966，第 4985 页。

六朝时期，汉、俚、僚、乌浒民以及岭北流亡者共同生活在合浦地区，而该地“土地硗确，无有田农”[①]，盐、铁等的生产还需要岭北供应，复杂的族群关系和较为落后的农业生产使得当地社会秩序难以长期稳定。西晋末年八王之乱，天下骚动，“吏民流入交州者甚众”[②]，东晋卢循“袭破合浦，径向交州”[③]，杜慧度率文武六千人镇压，虽有所擒获，但终难平定。刘宋时期，陈伯绍为西江督护，“启立为越州”，其治所“本合浦北界也。夷僚丛居，隐伏岩障，寇盗不宾，略无编户”。[④]合浦俚民帅陈檀等也屡与朝廷对抗，“遣费沈伐陈檀，不克，乃除勔龙骧将军、西江督护、郁林太守。勔既至，率军进讨，随宜翦定”[⑤]。萧齐时，越州刺史“常事戎马，唯以贬伐为务”[⑥]。

六朝时期合浦常常动乱，对内贸易难免受挫，而海上丝绸之路始发港东迁广州，一定程度上影响了合浦商品外运的顺畅，合浦港随之衰落。合浦采珠业虽有所发展，但掌控采珠业的仍是极少数权贵，他们“一箧之宝，可资数世”[⑦]，贫民不能自立的情况仍然较为普遍。

三、隋唐时期合浦地区采珠业

隋唐时期合浦地区采珠业有了进一步发展，时人对珠池的认识有所加深。唐王朝对合浦南珠的需求大量增加，置珠户，专门负责采珠上贡。为防止稀缺资源外流，朝廷严控珍珠出口。朝廷修贡以及官吏贪婪是民间采珠业发展的两大阻力。采珠人承担着巨大的风险，却生活困窘。

① 房玄龄等：《晋书》卷五十七《陶璜传》，中华书局编辑部点校，中华书局，1974，第1561页。

② 司马光：《资治通鉴》卷八十六《晋记八》，胡三省音注，标点《资治通鉴》小组点校，中华书局，1956，第2719页。

③ 沈约：《宋书》卷九十二《循吏·杜慧度》，中华书局编辑部点校，中华书局，1974，第2264页。

④ 萧子显：《南齐书》卷十四《州郡志上》，中华书局编辑部点校，中华书局，1972，第267页。“僚”原文为“獠”。

⑤ 李延寿：《南史》卷三十九《刘勔传》，中华书局编辑部点校，中华书局，1975，第1001页。

⑥ 同④。

⑦ 同①，卷九十《良吏·刘隐之传》，第2341页。

晋刘欣期《交州记》云："去合浦八十里有围洲，其地产珠。"[①]表面晋人对合浦地区产珠之所有了明确的认识，但从"八十里"的距离来看，此"围洲"是否就是现在的涠洲岛，仍需进一步研究。唐代将合浦地区盛产珍珠的海域称为"珠母海"，从唐人刘恂《岭表录异》"又取小蚌肉，贯之以篾，暴干，谓之珠母"[②]来看，珠母海应该就是多产珠贝的海域。《旧唐书·地理志》载："唐置廉州，大海在西南一百六十里，有珠母海，郡人采珠之所。"[③]唐代廉州领四县，大致包括今天的合浦县、浦北县、博白县以及北海市区，唐代一里约为550米，以此衡量，珠母海应该就是现在涠洲岛附近海域。《郡国志》载"合浦海曲出珠，号曰珠池"[④]，"海曲"即海湾。《岭表录异》载："廉州边海中有洲岛，岛上有大池，谓之珠池。每年刺史修贡，自监珠户入池，采以充贡。"[⑤]所谓珠池、珠母海以及庾信所说的珠泉，均可确定在合浦、北海沿线近海区域，现在的涠洲岛海域应该是唐代廉州重要的珍珠产地。

唐代权贵阶层大多贪宝货之利，重珠玉之饰。对于合浦珍珠一方面严禁出口，另一方面时时修贡，试图垄断珠利。玄宗开元二年（714年）颁敕"诸锦、绫、罗、縠、绣、织成紬、绢丝、牦牛尾、真珠、金、铁并不得与诸蕃互市"[⑥]，这是政府严禁民间私自贩运丝织品、金属器、珍珠等出境的法令。据《关市令》，开元二十五年（737年）颁敕"诸锦、绫、罗、縠、绵、绢、丝、布、牦牛尾、真珠、金、银、铁并不得度西边、北边诸关及至缘边诸州兴易"[⑦]。德宗建中元年（780年），颁敕"诸锦、罽绫、罗、縠、绣、织成、细紬、丝、布、牦牛尾、真珠、银、铜、铁、奴婢等并不得与诸蕃互市"[⑧]。可见唐王朝一直以来严格控制珍珠等

① 乐史：《太平寰宇记》卷一百六十九《岭南道十三》，王文楚等点校，中华书局，2007，第3229页。
② 刘恂：《岭表录异》，鲁迅校勘，广东人民出版社，第5页。
③ 刘昫等：《旧唐书》卷四十一《地理四》，中华书局编辑部点校，中华书局，1975，第1759页。
④ 李昉等：《太平御览》卷六十七《地部三二·池》引《郡国志》，中华书局，1960，影印本，第319页。
⑤ 同②。
⑥ 王溥：《唐会要》卷八十六《市》，中华书局，1955，第1581页。
⑦ 仁井田升：《唐令拾遗》，栗劲、霍存福、王占通、郭延德编译，长春出版社，1989，第643页。
⑧ 王钦若等编纂，周勋初等校订《册府元龟（校订本）》卷二十五《帝王部·符瑞》引沈怀远《南越志》，凤凰出版社，2006，第248页。

资源出境，这样就不利于民间珍珠等对外贸易的发展。

合浦地区是唐王朝境内重要的珍珠产地，廉州“每年修贡，珠户入池采珠，皆采老蚌剖而取珠”[①]。珠户是一种特殊编户，地位略高于奴隶，专门为政府采珠。虽然偶有停止贡珠的敕令，例如高宗永徽六年（655年）十一月“戊子，停诸州贡珠”[②]，但是大多数时期，地方贪渎官吏为满足私欲以及迎合上司往往“逾意外求”“尚奢丽以自媚”。代宗广德二年（764年），镇南副都护宁龄先上言：“合浦县海内珠池，自天宝元年以来，官吏无政，珠逃不见。”[③]官吏无政，过度采捞珍珠，是“珠逃不见”的重要原因。据《通典》载：“诸郡贡献，皆取当土所出，准绢为价，多不得过五十匹，并以官物充市，所贡至薄。”[④]如果真的“准绢为价，多不得过五十匹”，是不会出现“珠逃不见”的现象的。唐后期，珠禁甚严，合浦地区商旅不通，百姓生计大受影响。懿宗咸通四年（863年），诏“宜令诸道一任商人兴贩，不得禁止往来。廉州珠池，与人共利，近闻本道禁断，遂绝通商。宜令本州任百姓采取，不得止约”[⑤]。读此诏令，给人一种施行仁政的明君形象，实际上懿宗骄奢淫逸，任用非人，吏治极其腐败。乾符五年（878年），黄巢起义爆发，唐王朝在风雨飘摇中走向末路。

唐代合浦地区的采珠方法仍然较为原始，沿用之前的潜水采捞的方法。南汉时期，刘鋹“募兵能探珠者二千人，号媚川都。凡采珠者，必以索系石被于体而没焉。深者至五百尺，溺死者甚众”[⑥]。可见采珠人采珠往往冒着生命危险，这在唐人诗文中多有反映，元稹《采珠行》云：“海波无底珠沉海，采珠之人判死采。万人判死一得珠，斛量买婢人何在……”[⑦]唐末鲍溶《采珠行》云：“海边老翁怨狂

① 李昉等：《太平御览》卷九百四十一“蚌”引刘恂《岭表录异》，中华书局，1960，影印本，第4182页。

② 范镇、欧阳修、宋祁等：《新唐书》卷三《高宗本纪》，中华书局编辑部点校，中华书局，1975，第57页。

③ 王钦若等编纂，周勋初等校订《册府元龟（校订本）》卷二十五《帝王部·符瑞》，凤凰出版社，2006，第248页。

④ 马端临：《文献通考》卷二十二《土贡考一》，上海师范大学古籍研究所、华东师范大学古籍研究所点校，中华书局，2011，第650页。

⑤ 刘昫等：《旧唐书》卷十九《懿宗本纪》，中华书局编辑部点校，中华书局，1975，第654页。

⑥ 同①，第520页。

⑦ 元稹：《元氏长庆集》卷二十三《乐府·采珠行》，上海古籍出版社，1994，第119页。

子，抱珠哭向无底水。一富何须龙颔前，千金几葬鱼腹里。”[①]合浦地区“盖蛮、蜑、僚、俚之杂俗”[②]，采珠业不仅受到朝廷“禁采”以及贪吏过度采捞的不利影响，还因少数民族俚民帅也大多贪婪，“大帅必取象犀、明珠、上珍，而售以下直”[③]，采珠人难以凭此致富，生活较为困难。

值得一提的是，唐代“合浦珠还”以及“南珠”成为重要的文化意象，多为文人雅士所重，这是合浦南珠文化影响力扩大的表现。德宗贞元七年（791年），由礼部侍郎杜黄裳知贡举，此次赋题以“不贪为宝，神物自还”为韵，作《珠还合浦赋》，阆州人尹枢文采飞扬，一举得中状头（即状元）。无独有偶，宣宗大中五年（851年），广东封开人莫宣卿以《赋得水怀珠》为题参加科举考试，其中有“江妃思在掌，海客亦忘躯。合浦当还日，恩威信已敷”[④]之句。子贡有言：“宁丧千金，不失士心。”朝廷重珠轻贤，国士离析的现实环境更加深化了唐人对“珠还合浦”、政治清明的企盼。

四、结语

合浦地区采珠业兴盛与否，同政治环境与社会秩序休戚相关。汉末吏治腐败，珠利被完全垄断，百姓死饿于道，六朝后期朝廷财政难以为继，于是来自岭南的珍宝以及夷民的财富成为维持朝廷运转的重要支柱，唐中后期在合浦地区任职的官吏鲜有廉洁者，民间采珠业同时遭受重挫。唐陈仲师在《土风赋》中提到“合浦则蛮之犷俗，相尚战斗”[⑤]，其背景也是一直以来百姓贫困，不足则争。如果民间采珠业能得到正常有序发展，加之本地水产、果产丰盈，这种情况则很难出现。

---

① 郭茂倩：《乐府诗集》卷九十五《采珠行二首》，中华书局，1979，第 1332 页。

② 元稹：《元氏长庆集》补遗卷五《制》，上海古籍出版社，1994，第 310 页。“僚”原文为“獠”。

③ 范镇、欧阳修、宋祁等：《新唐书》卷一百五十八《韦皋附韦平传》，中华书局编辑部点校，中华书局，1975，第 4937 页。

④ 李昉等：《文苑英华》卷一百八十六《诗》，中华书局，1966，第 911 页。

⑤ 同④，卷二十六《赋》，第 188 页。

明代白龙珍珠城的建立及采珠活动

牛凯　陈启流

【摘要】白龙珍珠城遗址位于广西北海市铁山港区营盘镇白龙村。目前，遗址仅存城墙的部分夯土墙心、相关碑刻以及太监坟等。城内曾设有采珠太监公馆、珠场司巡检署、盐场大使衙门等。白龙城不仅是明清时期钦州、廉州、雷州海域的海防重地，也是明代重要的采珠管理场所。明正统三年（1438年）以前，明政府对合浦海域的采珠活动，施以宽容的政策，听民采取，不许禁约。正统三年（1438年）之后，明政府在合浦海域大肆开采珍珠，制定严格的管理制度，严厉禁止民间私自采珠，导致盗珠现象层出不穷，屡禁不止。今白龙城遗址就是当年采珠活动的见证。另外，为了满足采珠活动对陶瓷器的需求，白龙城周边出现了多处窑场，客观上促进了当地窑业的发展。

【关键词】白龙城；海防；采珠；管理；窑址

早在秦汉时期，白龙城周边就有人类活动。经过考古调查，在白龙港的东岸及能村江两侧的台地上发现了多处秦汉至明清时期的古文化遗存，以红沙田遗址和大坡岭遗址为代表。所采集的遗物标本以泥质灰陶为主，部分为夹砂陶，纹饰有

红沙田遗址周边采集的秦汉时期陶片（花飞摄）

“米”字纹、方格纹、水波纹、弦纹等。这一发现，不仅将白龙城周边可考究的历史向前推至汉代甚至更久远的年代，也为研究明代之前的南珠文化提供了实物依据。

白龙城建于明洪武初年，时属合浦管辖。关于白龙城的建立，当地有两个传说，其中一个版本是，当时白龙城的选址最初在白龙港西边的古城村，然而在刚开始建城时，珠池太监的白马突然跑到今白龙村所在的地方，太监认为这是“天意”，遂将白龙城建在今白龙村。另一个版本是，传说古时有一条白龙在这里的上空翱翔，落地不见踪影，人们认为白龙降临之地乃吉祥之地，便在那里建城，称为“白龙城”。

白龙珍珠城位置示意图①

① 张国经等：《廉州府志》卷一《图经志》，收入《广东历代方志集成·廉州府部（一）》，岭南美术出版社，2009，第16页。

据清乾隆《廉州府志》载："白龙城，坐落府南八十里，属合浦。周围三百三十丈有奇，高一丈八尺，东、西、南三门并城楼。创自前明洪武年。"[①]白龙城为长方形，南北长320.5米，东西宽233米，周长1107米，面积约74676.5平方米。城基宽6米，原城墙高6米（现已毁），城墙内外均以条石为脚，火砖为墙，墙中心为一层黄土一层珍珠贝壳夯打构筑而成，有东门、南门、西门三个城门，并设有城门楼监视海上及城外动静。城内设有采珠太监公馆、珠场司巡检署及盐场大使衙门和宁海寺。白龙城南是历代剖蚌取珠的场地，珠贝堆积如山，因此，人们又习惯把这座古城称为"珍珠城"。

1932年彭德尔顿拍摄的白龙珍珠城[②]

① 周硕勋修，王家宪纂《廉州府志》卷六《建置》，收入《广东历代方志集成·廉州府部（二）》，岭南美术出版社，2009，第73页。

② 美国威斯康星大学密尔沃基分校数字图书馆，照片编号：pe001871。

白龙珍珠城城墙内部夯土（北海市博物馆提供）

白龙珍珠城西城门遗址（广西文物保护与考古研究所蒙长旺提供）

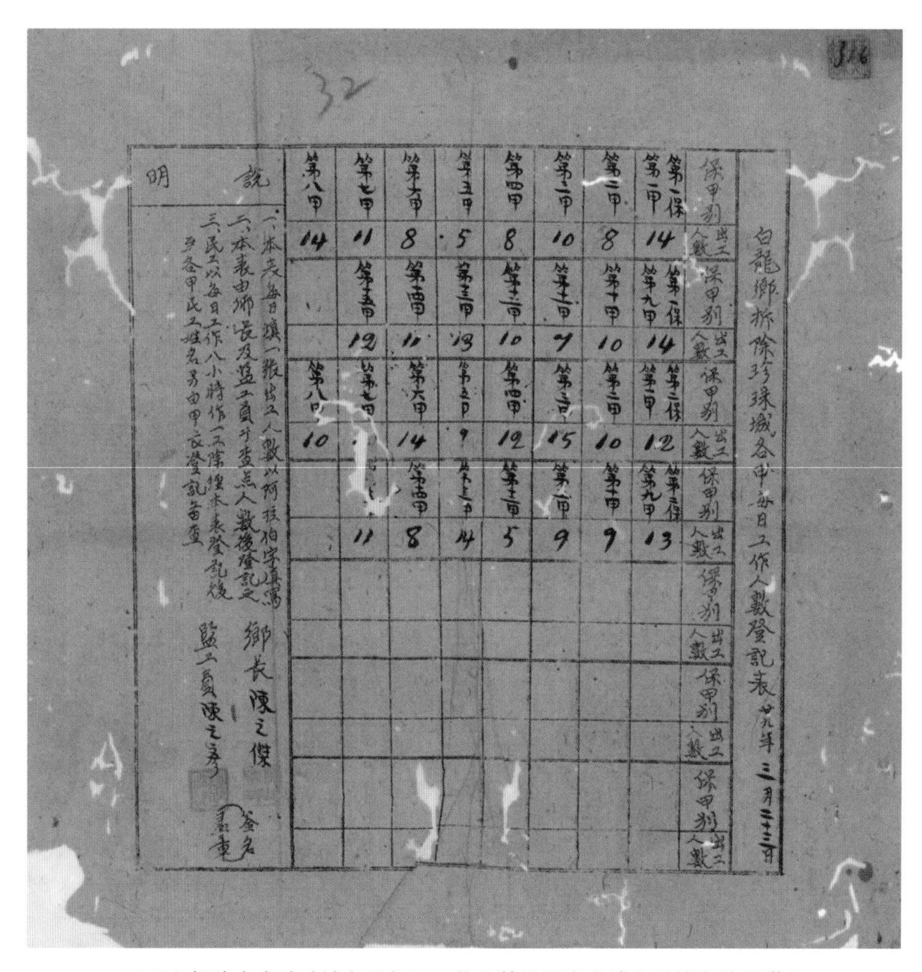

白龍鄉拆除珍珠城各甲每日工作人數登記表 廿九年三月二十三日

保甲別	出工人數	保甲別	出工人數	保甲別	出工人數	保甲別	出工人數
第一保第一甲	14	第一保第九甲	14	第二保第一甲	12	第二保第九甲	13
第二甲	8	第十甲	10	第二甲	10	第十甲	9
第三甲	10	第十一甲	7	第三甲	15	第十一甲	9
第四甲	8	第十二甲	10	第四甲	12	第十二甲	5
第五甲	5	第十三甲	13	第五甲	9	第十三甲	14
第六甲	8	第十四甲	11	第六甲	14	第十四甲	8
第七甲	11	第十五甲	12	第七甲	[illegible]	[illegible]	11
第八甲	14			第八甲	10		

說明

一、本表每日填一張，出工人數以阿拉伯字填寫。

二、本表由鄉長及監工員于查點人數後登記之。

三、民工以每日工作八小時作一工，除經本表登記後，另各甲民工姓名另由甲長登記備查。

鄉長 陳之傑

監工員 陳之[illegible]（簽名蓋章）

1940年拆除白龙珍珠城各甲每日工作人数登记表（浦北县档案馆提供）

白龙城的大部分城墙和城门一直保持到20世纪30年代，至抗日战争时期才被拆毁，剩下的一道南城墙和一座南城门于1958年被拆除。

1981年8月25日，白龙珍珠城被公布为广西壮族自治区文物保护单位。

一、白龙城的海防

白龙城的修建主要是为了抗击倭寇，打击钦州、廉州、雷州等地的海盗以及防止附近居民盗取珍珠，并通过防守珠池，保证珍珠专供皇室贵族。到了清代，廉州海域采珠业衰落，但白龙城仍然是廉州地区的海防要地。

（一）明代白龙城的海防

明洪武年间，我国东南沿海地区频受倭寇侵扰。为了抵御倭寇，明政府于“洪武二十七年七月，始命安陆侯吴杰、永定侯张金宝等，率致仕武官，往广东训练沿海卫所官军，以备倭寇，是时方有备倭之名，天下镇守凡二十一处”①。同时为了“备倭”，“迁永安守御千户所于合浦东一百八十里之海岸，仍名永安城”②，迁移之后的永安城是“为合浦左腋，乃高、雷、琼海道咽喉”③。合浦县东南面又有珠场八寨，在此处“设白龙城，有辅车之义焉”④。“自永安抵龙门，沿海五六百里，中间呼应鲜灵。愚谓应修复白龙旧城，移驻水师都守，为水陆中权，俾声援联络，兼可策应郡城。”⑤白龙城作为永安城的辅助海防屏障，地处永安和龙门之间，地理位置优越，既可做永安、龙门的联络中枢，又可策应两城。

明正统三年（1438年）之后，合浦海域珍珠采取权逐渐被明政府牢牢掌控，民间私采珍珠遭到禁止，导致“小民失业，往往去而为盗，或乘大舰，厉兵刃聚众以私采，官法不能禁。于是，有十七寨之设，环海驻兵以守”⑥，从廉州府“西而东、而北，凡十七处，分军巡哨”⑦。

为了防御盗珠团伙，明政府除设立十七海寨环海而防外，还在涠洲岛设立涠洲游击镇守。由于涠洲岛特殊的地理环境，这里成为盗珠者天然的藏匿场所，因此也成为明政府重点防御的地带。据清代杜臻《粤闽巡视纪略》载：

> 万历十七年定设涠洲游击一员，兵一千六百六名，战船四十九分，五哨驻守。十八年治游击署于涠洲，寻为风毁。二十年卒徙永安，而以涠洲

---

① 张国经等：《廉州府志》卷六《经武志·备倭》，收入《广东历代方志集成·廉州府部（一）》，岭南美术出版社，2009，第91页。

② 周硕勋修，王家宪纂《廉州府志》卷六《建置》，收入《广东历代方志集成·廉州府部（二）》，岭南美术出版社，2009，第73页。

③ 同②，卷二《疆域》，第25页。

④ 同③。

⑤ 同①，第73页。

⑥ 杜臻：《粤闽巡视纪略》卷一，收入《景印文渊阁四库全书·史部七·传记类四》第460册，商务印书馆，1986，第970页。

⑦ 同①，第94页。

为信地，自海安所历白鸽、海门、乐民、乾体至龙门港，皆其游哨所及也。[①]

据此，涠洲游击应在万历十七年（1589年）设置，万历十八年（1590年）修建涠洲游击官署，因被台风摧毁，随后将涠洲游击迁至永安城，而涠洲仍为其巡哨之地。几年后又迁回涠洲岛，并在开池采珠之时移驻白龙城弹压。白龙城内现存《钦差镇守广东涠洲游击将军黄公去思碑》，立于万历二十九年（1601年）。石碑记述了万历年间涠洲游击将军黄钟打击涠洲海域的海盗以及抗击倭寇的事迹，碑文如下：

盖五岭通中国自秦［汉］始。州□少慷慨喜谈兵，每言□岭外之险夷，遇之行□之盈缩，兵力之强弱，以及夷风□。我涠洲居海中，其下七池产珠玑，多以奉贡。而盗之□，于是不逞之徒，多犯国禁，乘长风破浪，游魂□之区。当事者乃设游击将军，开府涠洲之上，庶得弹压一方。而烽烟未息，羽书旁午，濒海居此罹于锋镝者□。于是朝廷据公才略，由总府坐营，擢守涠洲。公既至，盗贼闻公威望，戢弓弋者十之六七。公乃严□檄之。令定汛地之□奇，暇日则推牛饷士，士感恩欢呼，愿效死以报……前年倭寇侵广，耽耽雷廉之间，其锋甚锐，公竟挫之。□必采一二□必搜捕必得，而海□。李公奉命采珠，与公竭虑协力，谋而谋同，相得□。

又据万历二十九年（1601年）广东巡按李时华在《防池事宜》的奏疏中说：

雷、廉西海，珠池错落，地之南岛孤悬，名曰涠洲，屹峙中央，内有腴田千余亩，又有港澳可容数百舟，沿海盗珠奸徒皆视涠洲为宅窟。先年添设游击扎守涠洲，数年以来贼稍屏迹。近因内臣李敬于海滨白龙厂地方设立厂舍，采珠之际，官私船只云聚蚁集，人众易以生变。今议以开池之日，游击移守白龙厂，封池之后，仍回扎守涠洲，似得两全之策。[②]

李敬是万历二十六年（1598年）明政府派往白龙城负责采珠的太监。“白龙厂”即白龙城，现城内遗留的采珠太监公馆可能就是李敬所设的“厂舍”。每当采

---

① 杜臻：《粤闽巡视纪略》卷一，收入《景印文渊阁四库全书·史部七·传记类四》第460册，商务印书馆，1986，第972页。

② 王圻：《续文献通考》卷二十七《征榷考·珠池课》，现代出版社，1986，影印本，第404页。

珠之时，官私船只云集，反映出当时白龙城采珠的盛况。但因人多容易生变，李时华奏请将涠洲游击移驻白龙城看守珠池，待采珠结束后再返回涠洲驻守。李时华上奏《防池事宜》的时间为万历二十九年（1601年），而白龙城内的《钦差镇守广东涠洲游击将军黄公去思碑》也立于同年，由此推测，此碑应是涠洲游击将军黄钟移驻白龙城看守珠池时所立。

明后期，白龙城的采珠活动逐渐衰落，其海防部署亦有所变化。据《明神宗实录》记载：

> 涠洲游击原设水兵一千四百名，专为防守珠池，今珠已取尽，盗亦解散，议于内抽取五百名，分札龙门水口等处，且系珠池西界，有警亦足应援……钦州地方边海，宣德初年设有守备坐镇，后因永平撤兵，止存一守御千户所，旗军不满二百，遇有警息，驰报雷、廉、涠洲俱离辽远，虽星驰赴援，不能及事。今议将罗定守备调移钦州……凡系水兵，仍属涠洲游击节制，该游击移驻白龙厂就近防守，陆兵仍属雷廉参将节制，该参将照旧驻扎，往来调度。①

万历三十八年（1610年），钦州海防兵力不足，且距离雷州、廉州、涠洲较远，如遇战事，不能及时支援。同时涠洲海域珍珠减少，不宜开采，盗贼随之减少，防守珠池的兵力宜当减少。因此，明政府将涠洲游击移到白龙城就近防守。因其近涠洲海域和廉州海域，既可近援涠洲、廉州，又可支援钦州，使雷州、涠洲、钦州海域的海防体系更加完善。

（二）清代白龙城的海防

明后期白龙城逐渐荒废，至清康熙元年（1662年），对合浦县南面的乾体海口一带实行迁界，“将珠场寨改为水师营，令水师船湾泊乾体，把守门户……东南八十里地名珠场八寨，瞰视大海，旧设游击统兵防御，康熙元年迁界，改为水师

① 《明神宗实录》卷四百七十二《万历三十八年六月庚子》，“中央研究院”历史语言研究所，1962，第8919-8920页。

营。而珠场等处亦迁界外，自展界后，将旧设白龙城修复，亦宜分䑸巡防，以御外侮”[①]。清政府将雷州、廉州等地的海防机构予以迁移，拓展海面防御范围，同时将涠洲官兵改隶廉州镇左营，珠场陆营官兵改设乾体水师营，其沿海珠场八寨以及永安所城皆系水师营分拨官兵防守。白龙城重修后，近可分䑸巡防，监督珠场八寨，远亦可援助周边海域。此外，白龙城内驻有珠场司巡检署，“在县治南六十里白龙寨城，稽察沿海八寨地方”[②]。

“康熙十二年癸丑春三月，修复合浦县白龙城。”[③]关于白龙城的修复情况，有两首诗描述了当时的情景。其一是徐化民的《登白龙城》：

帝心眷顾在岩疆，甲胄森森不撤防。筹远正宜高雉堞，安边尤重益帆樯。月明风露貂裘冷，日暖龙蛇翠纛扬。纵目远观天一色，云霞璀璨起祥光。[④]

徐化民在写这首诗的时候看到“时有采木造船、运石修城之役”，说明白龙城正在进行修复。其二是游名柱的《登白龙城》：

汉后周前事不传，白龙重起在深渊。平沉海阔珠无地，极目光珠尽是天。百堞城围新布置，三时民力曲周旋。边庭从此烽烟息，铜柱勋名岂独专？[⑤]

“百堞城围新布置”“边庭从此烽烟息”反映出当时白龙城修复后的新貌及重要的海防作用。

清代在白龙城设立右营白龙城汛[⑥]，并于康熙二十三年（1684年）归龙门协管辖。龙门协管辖的三路为东路二墩十六汛、南路五汛、西路十四汛。右营白龙城汛

---

① 徐成栋：《廉州府志》卷六《武备志》，收入《广东历代方志集成・廉州府部（一）》，岭南美术出版社，2009，第446-447页。

② 阮元修，陈昌齐等纂《广东通志》卷一百三十四《建置略十》，收入《续修四库全书・史部・地理类》第996册，上海古籍出版社，2002，第128页。

③ 周硕勋修，王家宪纂《廉州府志》卷五《世纪》，收入《广东历代方志集成・廉州府部（二）》，岭南美术出版社，2009，第63页。

④ 同①，卷十三《诗赋志》，第663-664页。

⑤ 同④，第664-665页。

⑥ 为了加强统治，清政府招降明军、招募汉人组织军队，以绿旗为标志，以营为单位，称为“绿营兵”，独立于八旗军，同时在全国各地设汛。绿营设立汛地，作用有四：缉捕要犯，防守驿道，护卫行人，稽查匪类。

就在东路二墩十六汛之中，而十六汛中有十二汛归右营白龙城汛把总管辖。据道光《广东通志》载：

> 龙门协右营分防把总驻营在府南六十里，属合浦县，周围三百三十丈有奇，城高一丈八尺，东、西、南三门，明洪武年间创建，合浦县珠场司巡检驻。①

据此，龙门协右营分防把总就驻扎在白龙城内。右营白龙城汛把总不仅负责本区域的海防，还管辖其他汛地和村庄（表1）。当时右营白龙城汛的兵力部署为“把总一员，兵五十六名，拖风船一只。东至珠场汛，水路三十里；西至冠头岭三汊口海汛，水路一百里；南系大洋；北至上、下窑，陆路十里，至府城水路约一百六十五里。分管村庄二处：宁村，离汛四里；疍户村，离汛一里”②。

表1 白龙城汛把总所辖汛地兵力及村庄③

所辖汛地	兵力（人）	村庄
右营白龙城汛	56	宁村、疍户村
右营珠场汛	10	水泮村、罗村
右营调埠汛	8	黄稍村
右营陇村汛	10	陇村
右营川江汛	10	邓家村、竹儿根、南乐村、田头村
右营沙尾汛	10	沙尾村、和融村、山路村、梁屋港
右营永安城汛	122	分管村庄列在各汛
右营对达汛	5	对达村、何家村
右营砍马墩汛	5	井村、田寮村
右营英罗汛	8	英罗村、庞村、梁屋村、坭角村

① 阮元修，陈昌齐等纂《广东通志》卷一百二十七《建置略三》，收入《续修四库全书·史部·地理类》第996册，上海古籍出版社，2002，第45页。

② 周硕勋修，王家宪纂《廉州府志》卷十《兵防》，收入《广东历代方志集成·廉州府部（二）》，岭南美术出版社，2009，第140页。

③ 同②，第140-141页。

续表

所辖汛地	兵力（人）	村庄
右营西山汛	15	西山村、榄子埇村、水埇村、驮村
右营山口汛	13	山口村、山角村、丹兜村
合计	272	29个

据表1可知，右营白龙城汛把总共管辖十二汛二十九村，兵力为272人，在龙门协营管辖的东路二墩十六汛中兵力最强。又据道光《广东通志》载，白龙城汛兵力配置为“把总一员，兵二十五名；外委一员，发防兵三十八名”[①]。到了道光年间，白龙城汛的兵力虽然减至25人，但仍设把总，同时加派外委一员带兵38人守御，说明此时白龙城汛在本地区海防方面仍然起着重要作用。

二、合浦海域的采珠活动

古代合浦一带海域适合珠贝繁衍生息，以盛产珍珠闻名。合浦珍珠称为“南珠”，屈大均《广东新语》载：“合浦珠名曰南珠，其出西洋者曰西珠，出东洋者曰东珠，东珠豆青色白，其光润不如西珠，西珠又不如南珠。”[②]可见，南珠的品质在珍珠中居于最上乘。

（一）珠池

珍珠产自珠池，珠池是产珠的海域，被称为“珠母海”，“海面岛屿环围，故称池云”[③]。宋《新雕皇朝类苑》引《岭南杂录》云：“海滩之上，有珠池，居人

① 阮元修，陈昌齐等纂《广东通志》卷一百七十七《经略二十·兵制五》，收入《续修四库全书·史部·地理类》第996册，上海古籍出版社，2002，第767–768页。

② 屈大均：《广东新语》卷十五《货语》，中华书局，1985，第414页。

③ 周硕勋修，王家宪纂《廉州府志》卷三《山川》，收入《广东历代方志集成·廉州府部（二）》，岭南美术出版社，2009，第35页。

采而市之。予尝知容州与合浦密迩，颇知其事。珠池凡有十余处，皆海也，非在滩上。自某县岸至某处是某池，若灵渌、囊村、旧场、条楼、断望皆池名也，悉相连接在海中，但因地名而殊矣。”[①]据此，珠池所在海域是按照其所处的地理位置进行划分并命名的。

关于合浦珠池的数量，据明嘉靖《广州通志稿》卷三十《珠池》篇和万历《粤大记》卷二十九《政事类》载，廉州府珠池有七：青莺池、杨梅池、乌坭池、白沙池、平江池、断望池、海渚池。崇祯《廉州府志》亦载七大珠池：“乌泥池，至海猪沙一里；海猪沙，至平江池五里；平江池，至独榄沙洲八里；独榄沙洲，至杨梅池五十里；杨梅池，至青婴池十五里；青婴池，至断望池五十里；断望池，至乌泥池总计一百八十三里。”[②]所载数量相同，但名称却有所区别，可能“乌坭池”亦为“乌泥池”，“海渚池”亦为“海猪沙”，“白沙池”亦为“独榄沙洲”。清代杜臻《闽粤巡视纪略》载：“予访之土人，杨梅池在白龙城之正南，少西即青莺池，平江池在珠场寨前，乌坭池在冠头岭外，断望池在永安所。珠出平江者为佳，乌坭为下，亦不知所谓白沙、海渚二池也。”[③]杜臻通过访问土人得知，合浦海面主要有五大珠池，至于“白沙”“海渚”二池，却不被人所知。《读史方舆纪要》载：“珠母海府东南八十里巨海中。中有七珠池：曰青莺，曰杨梅，曰乌泥，曰白沙，曰平江，曰断望，曰海渚。后为五池，其东为断望、对达二池，无珠；西为平江、杨梅、青莺三池，有大蚌，剖而有珠。今止以三池名所谓合浦珠也。”[④]随着采珠业的荒废，珠池的数量也逐渐减少，到清代仅存三个产珍珠的珠池。

① 江少虞：《新雕皇朝类苑》卷六十一，日本元和七年活字印本。

② 张国经等：《廉州府志》卷六《经武志·珠池》，收入《广东历代方志集成·廉州府部（一）》，岭南美术出版社，2009，第93页。

③ 杜臻：《粤闽巡视纪略》卷一，收入《景印文渊阁四库全书·史部七·传记类四》第460册，商务印书馆，1986，第969页。

④ 顾祖禹：《读史方舆纪要》卷一百〇四《广东五》，中华书局，2005，第4755页。

（二）明代合浦海域珍珠的开采

早在汉代，合浦已有采珠的记载，并且珍珠是当时互市的货物。据《后汉书》记载："郡不产谷实，而海出珠宝，与交趾比境，常通商贩，贸籴粮食。"[①]到了明代，珍珠不仅是身份和地位的象征，而且"太后进奉，诸王、皇子、公主册立、分封、婚礼，令岁办金珠宝石"[②]。正统三年（1438年）后，为了满足皇室奢靡的生活，朝廷对珍珠追求愈发狂热，这不仅推动了珠池业的发展，也导致了明政府对合浦海域珍珠近似疯狂的开采。为此，明政府专门派太监到合浦监管采珠活动，并驻兵打击民间盗采和贸易珍珠的行为。

白龙珍珠城明代珍珠贝壳堆积（广西文物保护与考古研究所蒙长旺提供）

1.洪武初年至正统三年（1438年）：弛禁罢采，听民采取

洪武初年明政府就已经在粤东地区进行珍珠开采活动，洪武七年（1374年）秋九月，"东莞知县詹勖同官兵采珠于大步海，自四月至八月，得半斤，诏罢之"[③]。这说明洪武七年（1374年）之前明政府就在粤东地区从事采珠活动，但收

① 范晔：《后汉书》卷七十六《循吏列传》，中华书局，2000，第1671-1672页。

② 张廷玉等：《明史》卷八《志五十八·食货六》，中华书局编辑部点校，中华书局，1974，第1996页。

③《日本藏中国罕见地方志丛刊·〔万历〕粤大记》卷二十九《政事类·珠池》，书目文献出版社，1990，第495-496页。

益甚少，故于洪武七年（1374年）罢之。此时负责采珠的是当地官兵，没有专门的管理机构。“洪武二十九年，诏采珠”，依然没有提到专门负责采珠的人员和机构。“洪武三十五年，差内官起取疍户采珠，乃一时缺用，暂行之典固，未尝着之。令甲设官监守，以防民而废业也。”①洪武三十五年（1402年）的采珠行为，只是因为“典固”的需要，明政府才派太监一员专门负责采珠事务，当地政府也派官员监守，并且招募疍户专门从事采珠工作。

明成祖至宣宗时期，在粤东地区从事采珠活动较少，且“永乐、洪熙屡饬弛禁罢采”②，据万历《粤大记》载，“永乐三年春三月，诏勘广州采珠”③，同年三月即“罢广州采珠”④。崇祯《廉州府志》对永乐十四年（1416年）的采珠活动也只是说“诏采珠”⑤。洪熙年间对珠池的管理和开采也比较松弛，如在“洪熙元年春正月，诏弛珠池、金银、坑冶之禁。是月十五日，诏广东珠池及各处官封金银场……原系民业，曾经官中采取，见今有人看守及禁约者，诏书到日，听民采取，不许禁约，如有原者守之人，各回职役”⑥。洪熙年间，明政府对采珠的政策是“听民采取，不许禁约”，这既遵循了粤东地区海洋贸易的传统，也不干涉民间自由贸易，处于与民互利的良好局面。明宣宗时期的采珠活动，据《续文献通考》卷二十三《征榷考》载：“自成祖初遣中官采珠后，宣宗时有请令中官采东莞珠池者，系之狱。”⑦明宣德年间依然禁止太监参与采珠事务，宣德三年（1428年）十一月，行在锦衣卫带俸指挥钟法保奏：“臣广州东莞县大步海人，知傍海、横沙、潭石等处皆有珠池，产大珠，请差内官同往采。上谕锦衣卫指挥王节等曰：

① 黄训：《名臣经济录》卷四十三《兵部》，清文渊阁四库全书本。

② 杜臻：《粤闽巡视纪略》卷一，收入《景印文渊阁四库全书·史部七·传记类四》第460册，商务印书馆，1986，第970页。

③《日本藏中国罕见地方志丛刊·〔万历〕粤大记》卷二十九《政事类·珠池》，书目文献出版社，1990，第496页。

④ 同③。

⑤ 张国经等：《廉州府志》卷一《图经志》，收入《广东历代方志集成·廉州府部（一）》，岭南美术出版社，2009，第17页。

⑥ 戴璟修，张岳纂《（嘉靖）广东通志初稿》卷三《政纪》，广东省地方志办公室，1997，誊印本，第65页。

⑦ 王圻：《续文献通考》卷之二十七《征榷考·珠池课》，现代出版社，1986，影印本，第404页。

‘此小人欲生事扰民，以图己利，即收系于狱。’”[①]明宣宗时期严禁太监负责采珠事宜，甚至有官员因建议派太监监守珠池而获罪。因此，洪武初年至正统三年（1438年），只有两次派太监采珠的记载，太监只是负责采珠，时间亦较短，没有形成太监专门负责采珠兼管地方的局面。

洪武初年至正统三年（1438年），朝廷在粤东地区采珠的次数仅仅四次（表2）。

表2 洪武初年至正统三年（1438年）粤东地区珍珠开采表

时间	地点	数量	负责人
洪武七年（1374年）	东莞	半斤	官兵
洪武二十九年（1396年）			
建文四年（1402年）	广东		太监
永乐十四年（1416年）	廉州（？）		

采珠的地点主要在相当于今广东东莞一带的海域，对采珠的政策是“弛禁罢采，严禁太监参与，听民采取，不许禁约”。

2.正统三年（1438年）至万历三十八年（1610年）：常采无度，劳民伤财

正统三年（1438年）后，采珠情况发生了大的变化，太监开始参与合浦地区的采珠活动。《明英宗实录》载：“司礼监太监福安奏，永乐间差内官下西洋，并往广东买办采捞珍珠，故国用充足，今久不采，府库空虚。上命监察御史吕洪同内官往广东雷州、廉州二府杨梅等珠池采办。”[②]此时，明英宗已经改变了洪武初年至正统三年（1438年）“弛禁罢采，严禁太监参与，听民采取，不许禁约”的政策。崇祯《廉州府志》载：“禁约钦、廉濒海商贩之人，不许潜与安交通，仍令廉州府卫巡视，遇贼盗珠，务捕擒获究问，奏请发落。”[③]显然，明政府禁止钦州和廉州商人通商，对珠池的管理也越来越严格。

①《明宣宗实录》卷四十八《宣德三年十一月癸酉》，“中央研究院”历史语言研究所，1962，第1176页。
②《明英宗实录》卷三百《天顺三年二月丁卯》，“中央研究院”历史语言研究所，1962，第6371页。
③张国经等：《廉州府志》卷一《图经志》，收入《广东历代方志集成·廉州府部（一）》，岭南美术出版社，2009，第18页。

天顺八年（1464年），“差内使一员看守平江珠池”，至此太监开始正式参与合浦地区的采珠活动。自成化初年开始，合浦杨梅、青莺、平江等珠池，依次添设太监看守，弘治七年（1494年），太监除了“看守广东廉州府杨梅、青莺、平江三处珠池，兼巡捕廉、琼二府，并管永安珠池”[①]。随着珠池太监的权力越来越大，他们不断干预地方政治，当地正常的管理秩序受到严重干扰，百姓处于水深火热之中。明政府看到太监兼管政治带来的问题，多次明令“广东新添守珠池内官，悉令回京……原守珠池内官各照旧，俱不许分守地方，兼理海道”[②]；“广东廉州府珠池内臣，不许兼管琼州府卫所地方”[③]；“广东珠池内臣而兼管廉、琼等地方，此皆止，宜令如旧，专理一事者”[④]。然而明政府的禁令收效甚微，太监依然兼理民事、干预当地政治，以至在嘉靖八年（1529年）和嘉靖九年（1530年），两广巡抚林富连上两篇奏疏《乞罢采珠疏》和《乞裁革珠池市舶内臣疏》[⑤]，希望朝廷能够罢采珠池，革除珠池太监，以苏民困。“嘉靖十年春，诏革守珠池内官，从抚院林富之请也。”[⑥]然而，就在当年的八月，明政府又“诏采珠”[⑦]，即使有官员力谏罢采，也阻止不了明政府对合浦珍珠的过度开采。

正统三年（1438年）至天启初年，明政府对粤东地区珍珠的开采主要转移到合浦海域。“成化、弘治年间，乐民珠池所产日少，至正德年间，官用裁革，惟廉州珠池一向存留看守”[⑧]。嘉靖年间（1522—1566年），“廉州府合浦县杨梅、青莺二池，雷州府海康县乐民一池，俱产蚌珠，设有内臣二员看守。后乐民之池所产稀少，裁革不守，止守合浦二池”[⑨]。嘉靖朝以后雷州府所属的乐民池已无珠可采，

①《日本藏中国罕见地方志丛刊·〔万历〕粤大记》卷二十九《政事类·珠池》，书目文献出版社，1990，第496页。

②《明孝宗实录》卷二《成化二十三年九月壬寅》，“中央研究院”历史语言研究所，1962，第21页。

③ 同②，卷一百三十四《弘治十一十一月年壬子》，第2497-2498页。

④ 同②，卷一百四十四《弘治十一年闰十一月乙酉》，第2717页。

⑤《日本藏中国罕见地方志丛刊·〔万历〕高州府志　〔万历〕雷州府志》，书目文献出版社，1990，第191-194页。

⑥ 张国经等：《廉州府志》卷一《图经志》，收入《广东历代方志集成·廉州府部（一）》，岭南美术出版社，2009，第19页。

⑦ 同⑥。

⑧ 同①。

⑨ 杜臻：《粤闽巡视纪略》卷一，收入《景印文渊阁四库全书·史部七·传记类四》第460册，商务印书馆，1986，第970页。

采珠的主要阵地完全转移到合浦海域。由于过度开采，在“嘉靖二十二年诏采珠，二十四年复采，寻以碎小不堪用而止”[①]，此后的万历皇帝依然没有停止对合浦海域珍珠的开采。据表3统计，正统三年（1438年）至万历三十八年（1610年）（表3），有25次开采珍珠的记录，开采之频繁、采取数量之大、耗资之多均属罕见，其中弘治、嘉靖、万历三朝开采尤甚。

表3 正统三年（1438年）至万历三十八年（1610年）珍珠开采表

时间	地点	数量（两）	费用（两）	负责人	资料来源
天顺三年（1459年）	杨梅池			监察御史吕洪同、太监	《明英宗实录》卷三百
天顺八年（1464年）	平江池			太监	万历《粤大记》卷二十九
成化九年（1473年）	杨梅池				《续文献通考》卷二十三
成化二十年（1484年）	乐民池			太监	万历《粤大记》卷二十九
成化二十三年（1487年）	杨梅池			太监	万历《粤大记》卷二十九
弘治七年（1494年）	杨梅池、青莺池、平江池、永安池			太监	万历《粤大记》卷二十九
弘治九年（1496年）					崇祯《廉州府志》卷一
弘治十二年（1499年）		17000	28400		万历《粤大记》卷二十九
弘治十三年（1500年）					崇祯《廉州府志》卷一
弘治十五年（1502年）					万历《粤大记》卷二十九
正德九年（1514年）		10200	14000		万历《粤大记》卷二十九
嘉靖五年（1526年）		8090	9300		万历《粤大记》卷二十九
嘉靖九年（1530年）		5390	6760		万历《粤大记》卷二十九
嘉靖十年（1531年）					崇祯《廉州府志》卷一
嘉靖十二年（1533年）		11120	7070		万历《粤大记》卷二十九

① 顾祖禹：《读史方舆纪要》卷一百〇四《广东五》，中华书局，2005，第4755页。

续表

时间	地点	数量（两）	费用（两）	负责人	资料来源
嘉靖十三年（1534年）					万历《粤大记》卷二十九
嘉靖二十二年（1543年）					万历《粤大记》卷二十九
嘉靖二十四年（1545年）					万历《粤大记》卷二十九
嘉靖三十六年（1557年）					康熙《廉州府志》卷一
嘉靖四十一年（1562年）					康熙《廉州府志》卷一
隆庆六年（1572年）		8000			崇祯《廉州府志》卷一
万历二十六年（1598年）				太监李敬	康熙《廉州府志》卷一
万历二十七年（1599年）				太监李敬	康熙《廉州府志》卷一
万历二十九年（1601年）		2100	6000		崇祯《廉州府志》卷一
万历三十一年（1603年）					康熙《廉州府志》卷一
合计		61900	71530		

3.万历三十八年（1610年）至崇祯年间（1628—1643年）：珍珠稀绝，无珠可采

由于正统三年（1438年）至万历三十八年（1610年）间的过度采挖，以致万历三十八年（1610年）“珠已取尽，盗亦解散”①。“至天启年间，遂稀绝，人谓珠去矣，及崇祯三四年间，大发于西，如那隆官井中珠海去，疍人网鱼初不远。”② 又据《读史方舆纪要》载：“珠母海府东南八十里巨海中。中有七珠池：曰青莺，曰杨梅，曰乌泥，曰白沙，曰平江，曰断望，曰海渚。后为五池，其东为断望、对达二池，无珠；西为平江、杨梅、青莺三池，有大蚌，剖而有珠。今止以三池名所

①《明神宗实录》卷四百七十二《万历三十八年六月庚子》，“中央研究院”历史语言研究所，1962，第8919-8920页。

②张国经等：《廉州府志》卷一《图经志》，收入《广东历代方志集成·廉州府部（一）》，岭南美术出版社，2009，第24页。

谓合浦珠也。”①可见，万历三十八年（1610年）以后，合浦海域的珠池大多数已无珠可采，加之明朝国力日渐衰弱，合浦的采珠活动也走到了尽头。

（三）白龙城的海神祭祀活动

采珠活动具有很大的危险性，据宋人蔡絛《铁围山丛谈》载：

> 凡采珠必蛋人，号曰蛋户，丁为蛋丁，亦玉民尔。特其状怪丑，能辛苦，常业捕鱼生，皆居海艇中，男女活计，世世未尝舍也。采珠弗以时，众咸裹粮会大艇以十数，环池左右，以石悬大絙至海底，名曰定石，则别以小绳系诸蛋腰，蛋乃闭气随大絙直下数十百丈，舍絙而摸取珠母。曾未移时，然气已迫，则极撼小绳，绳动舶人觉，乃绞取人，缘大絙上出，辄大叫，因倒死，久之始苏。下遇天大寒，既出而叫，必又急沃以苦酒可升许，饮之釂，于是七窍为出血，久复活，其苦如是，世且弗知也。……凡桎梏而破产者，大率皆无辜，千里告病，然耳目使者又弗吾恻，是天以珠池祸吾民也。②

《没水采珠船》图③

① 顾祖禹：《读史方舆纪要》卷一百四《广东五》，中华书局，2005，第4755页。

② 蔡絛：《铁围山丛谈》卷五，中华书局，1983，第99-100页。

③ 宋应星：《天工开物》，武进涉园据日本明和年所刊，罗振玉署，陶本，1927。

采珠的人被称为疍户，他们常年居住在海中，以捕鱼为生。疍户采珠苦不堪言，蔡絛因此认为“是天以珠池祸吾民也”。正是由于采珠的危险性，祭祀海神是明代采珠疍户出海前必做的事情，海神信仰也贯穿于疍户生活的全过程。今白龙城内保存有《宁海寺记碑》：

……钦差内臣……宣德戊申年奉……命来守珠池。……诚心，海……于……年十二月戊寅日……工。……宁海寺……海神。

碑文关于祭祀海神的记载，表明白龙城内的宁海寺是祭祀海神的场所之一，采珠疍户“招集蠃夫，割五大牲以祷，稍不虔洁，则大风翻搅海水，或有大鱼在蚌蛤左右，珠不可得”[①]。采珠疍户对于海神的信仰特别虔诚，将自己在海上的安危完全寄托于海神。黄呈兰《珠池》诗中有“珠神之贵等祝融”的记载，屈大均《广东新语》亦云：“南海之帝实祝融。”[②]因此，宁海寺内所祭祀的海神可能是祝融。此外，白龙城内还有钦差太监杨得荣所立的《天妃庙记碑》：

天妃，闽中湄州山人也……宣德三年，余领命来守珠池，就于海岸起立新庙一所……宝地风平浪静，海道肃清，仍祈境内……生乐业，共享太平。乃使工刻石……［竣］工于宣德四年，冬十二月戊寅日立……

宣德辛亥六年冬至后四日立。

天妃即妈祖，是白龙城周边渔民、疍户出海打鱼或者采珠前所祭拜的海神。白龙城居民祭祀祝融、天妃等海神，和当地兴盛的采珠业、渔业密不可分。这种祭祀活动对当时维护当地社会的稳定，团结当地民众起到较为重要的作用。

三、政府对采珠的管理

明洪武初年至正统三年（1438年），明政府对采珠管理比较宽松，且听民取之，没有制定严格的采珠制度。弘治中期之后，明政府不仅制定严格的采珠管理制

① 屈大均：《广东新语》卷十五《货语》，中华书局，1985，第412页。

② 同①，卷六《语神》，第207页。

度和法律，而且设立专门的军事机构负责监管珠池。明正德之前，“前项各官或用太监、少监、监丞初无定衔，成化、弘治年间，乐民珠池所产日少，至正德年间，官用裁革，惟廉州珠池一向存留看守”①。可见，明正德之后，太监专门负责看守合浦珠池逐渐成了定制，此时明政府已经建立了一套相对健全的采珠管理制度。

（一）派太监驻守

为了获取珍珠，明政府专门派太监到合浦海域负责采珠管理事宜。明政府直接主导的最早采珠行为出现于洪武二十九年（1396年），“洪武二十九年，诏采而已，未有专官也”②。此后，“洪武三十五年，差内官于广东布政司起取疍户采珠”③。直到宣德三年（1428年），才有太监驻守白龙城的记载。白龙城内的《天妃庙记碑》就是珠池太监杨得荣所立，而《宁海寺记碑》亦有“钦差内臣……宣德戊申年奉……命来守珠池”的记载。宣德戊申年即宣德三年（1428年），那么宁海寺也有可能是杨得荣所建。

白龙城内的《钦差镇守广东涠洲游击将军黄公去思碑》中记载有“李公奉命采珠”，和立于南城门外的《李爷德政碑》中的“李爷”，均应指太监李敬。李敬于万历二十六年（1598年）驻守白龙城负责采珠，万历三十七年（1609年）召还京师，罢采珠，其前后驻扎白龙城11年。其间李敬督采珍珠的记载是：“万历二十七年五月，李敬进大珠一颗重九分，一颗重七分三厘，一颗重一分二厘；中珠一千一百十两。六月，李敬进珠五百二十七两一钱。”④可见，李敬在初采珍珠时收获颇丰。

---

①《日本藏中国罕见地方志丛刊·〔万历〕高州府志　〔万历〕雷州府志》卷四《地理志二》，书目文献出版社，1990，第194页。

② 张国经等：《廉州府志》卷六《经武志·备倭》，收入《广东历代方志集成·廉州府部（一）》，岭南美术出版社，2009，第93页。

③《日本藏中国罕见地方志丛刊·〔万历〕粤大记》卷二十九《政事类·珠池》，书目文献出版社，1990，第496页。

④ 王圻：《续文献通考》卷二十七《征榷考·珠池课》，现代出版社，1986，影印本，第404页。

（二）制定法律

正统三年（1438年）以后，明朝历代皇帝对合浦珍珠的需求日益增长，合浦珍珠的采办权也由民间自采转移到政府手中。民间采珠被限制，导致盗珠者层出不穷，甚至出现较大的盗珠团伙，这也迫使明政府制定法律，完善监管制度。据《大明会典》载：

（弘治）十四年，奏准广东盗珠人犯，除将军器下海，为首真犯死罪外。但系在于珠池捉获，驾黑白艚船，专用扒网盗珠，曾经持杖拒捕者，不分人之多寡，珠之轻重，及聚至二十人以上，盗珠至十两以上者，比照盗矿事例，不分初犯、再犯，军发云南边卫分民并舍，余发广西卫分各充军。若不及数，又不拒捕，初犯枷号二个月发落，再犯免其枷号，亦发广西卫分各充军。如系附海居民，止是用手拾蚌取珠，所得不多者，免其枷号，照常发落，职官有犯奏请定夺。[①]

弘治十四年（1501年）制定的法律对于盗珠者十分严苛，不管盗珠人数之多寡、盗珠多少，只要聚集20人，即发配充军，就连在海边拾蚌取珠者，也要照常治罪。虽然明政府设立海寨、涠洲游击等层层严防，但是盗珠者越来越多，屡禁不止。因此，在万历七年（1579年）又重新制定法律，据《明实录》载：

万历七年五月……戊辰……刑部题广东珠池之盗，有司因无律例，概以强盗坐之，似属过重。今议捉获盗珠贼犯，俱比常人盗官物并赃论罪，免刺，仍分为三等。持杖拒捕者为一等，不论人之多寡，珠之轻重，不分初犯、再犯，首从俱远戍。若杀伤人，为首者斩。虽不曾拒捕，但聚至二十人以上，珠值银二十两以上者，为二等。不分初犯、再犯，为首者远戍，为从者枷号三月，照罪发落。人及数而珠未及数者，亦坐此例。若珠与人俱不及数，或珠虽及数，而人未及数，为三等。为首者初犯，枷三月，照罪发落。若假人盗珠为由，在海劫客商船只或登岸劫人财物者，各

① 申时行、赵用贤等：《大明会典》卷三十七《户部·二十四》，明万历内府刻本。

依强盗论。依拟着为令。[1]

万历七年（1579年）制定的法律虽然比较完善，将盗珠者分为三等，根据盗珠者人数和盗珠多寡定罪，但是从中仍可以看出即使明政府管理再严格，也无法限制盗珠者。

（三）编立船甲，以约其民

在明代严禁民间采取珍珠的高压政策下，广东滨海居民则铤而走险，驾船以盗取珍珠。明政府通过编立船甲，严格控制出海船只的方法约束沿海居民。据《海防纂要》载：

> 广东滨海诸邑，当禁船只。若增城、东莞则茶滘、十字滘，番禺则三漕、菠萝海，南海则仰船岗、茅滘，顺德则黄涌头，香山、新会则白水、分水红等处，皆盗贼渊薮也。每驾峻头小艇，藏集凶徒，肆行劫掠，珠禁弛则驾大船以盗珠，珠禁严则驾小艇以行劫交通，捕快接济，番舶毒害最甚。为今之计，莫若通行各县，令沿海居民，各于其乡，编立船甲，长、副不拘人数，惟视船之多寡，依十家牌法，循序应当。[2]

如此，广东沿海居民所驾驶的船只则被明政府严格控制，每县船只多少，船只的用途，也可以一一查考，避免了驾驶不明船只盗珠的行为。

（四）严禁民间使用珍珠

明正统三年（1438年）后，明政府为了获取更多的珍珠，防止盗珠者盗取珍珠，“禁民间珠宝服玩，犯令者罪之，如此则珠为无用，贱同瓦砾矣，又岂必设官立禁，然后无私盗、私贩也哉”[3]。又据《名臣经济录》中汪鋐的《题为重边防以

---

①《明神宗实录》卷八十七《万历七年五月戊辰》，“中央研究院”历史语言研究所，1962，第1815-1816页。

② 王在晋：《海防纂要》卷一，明万历刻本。

③ 朱奇龄：《续文献通考补》卷二十四《食货补》，清钞本。

苏民命事》篇中所载："仍乞申明初年诏令，珠池监守归并总镇，责以守巡，多方防范。严禁民间，不许僭用珠饰，不许私相贸易，盗采获有赃仗者，从重问拟，则珠池不守，而民自不敢犯矣。"[①]在明代，珍珠的使用权完全归皇家和达官显贵所有，平民百姓使用珍珠被严格限制，甚至被认为是"僭越"之举。

四、采珠活动对白龙地区的影响

明正统三年（1438年）后，合浦海域珍珠的采办权完全由明政府掌握，派专人专事采珠事宜，其采取次数、数量之多都是历史之最，这种大规模的采珠活动对当地经济社会无疑产生了深远的影响。

（一）传统生计方式与盗珠

明代在合浦海域从事的采珠活动，在一定程度上扰乱了当地传统的生产生活方式，与当地沿海居民经营海洋产业、依海而生的传统产生尖锐的矛盾。合浦沿海地区的居民自古就以贩海为业，以珠换米也是其传统的生计之一，据《晋书》载："合浦郡土地硗确，无有田农，百姓唯以采珠为业，商贾去来，以珠贸米。而吴时珠禁甚严，虑百姓私散好珠，禁绝来去，人以饥困。"[②]又据《见闻杂记》载："雷州直出海中有围洲，周广七十余里，内有八村，专业采珠。"[③]明政府对珍珠采取权的垄断，使得合浦沿海居民铤而走险盗取珍珠，即使明政府制定了严格的法律，建立了层层防御的军事机构，其效果甚微，反而"禁越严，盗越多"。《明史》亦载："广东以采珠之故，激民为盗，至攻劫会城。皆足戾天和，干星变。请悉停罢，则彗灭而前星耀矣。"[④]

---

① 黄训：《名臣经济录》卷四十三《兵部》，清文渊阁四库全书本。

② 房玄龄等：《晋书》卷一百三十《列传二十七》，中华书局编辑部点校，中华书局，1974，第1561页。

③ 李乐：《见闻杂记》卷七，明万历刻清补修本。

④ 张廷玉等：《明史》卷二百〇七《列传九十五》，中华书局编辑部点校，中华书局，1974，第5473页。

（二）社会风气

明正统三年（1438年）后，随着明政府在合浦海域大量开采珍珠，珍珠在合浦不再是一种常见之物，而成为财富和荣誉的象征。屈大均《广东新语》载："古时珠贱今珠贵，古时合浦人以珠易米，珠多而人不重。今天下人无贵贱，皆尚珠，数万金珠至五羊之市，一夕而售……富者以多珠为荣，贫者以无珠为耻，至有金子不如珠子之语，此风俗之所以日偷也。"[①]明政府对合浦珍珠采取权的垄断，让人们认为珍珠是难得之货，致使其价格奇高，不利于形成恭俭朴素的社会风气。

（三）白龙城与周边窑业

在北海沿海地带，存在多处唐代至明清时期的古窑址。其中，白龙城周边的明代窑址有福成江西岸的下窑村窑址、中窑村窑址和上窑村窑址等，东边火禄河西岸的东窑村窑址和西窑村窑址等，总共有26个窑包。1980年，广西文物保护与考古研究所（原广西文物工作队）对上窑村窑址进行考古发掘，因发现一件背面刻有"嘉靖二十八年四月二十四日造"的铭文年款的瓷压槌，将其年代确定在明代。[②]虽然后经调查，此压槌由当地一村民早于窑包发掘前在窑址地面上拾得，发掘队来到后才捐献出来，但是蓝日勇认为"嘉靖二十八年"的铭文应当指示上窑村窑址的开窑时间。[③]另外，下窑村窑址也曾采集到一件刻有"弘治十六年"纪年铭文的垫圈，进一步证实了同类窑址的年代当在明代前后。

---

① 屈大均：《广东新语》卷十五《货语》，中华书局，1985，第412-413页。

② 郑超雄：《广西合浦上窑窑址发掘简报》，《考古》1986年第12期。

③ 蓝日勇：《广西合浦上窑瓷烟斗的绝对年代及烟草问题别议》，《南方文物》2001年第2期。

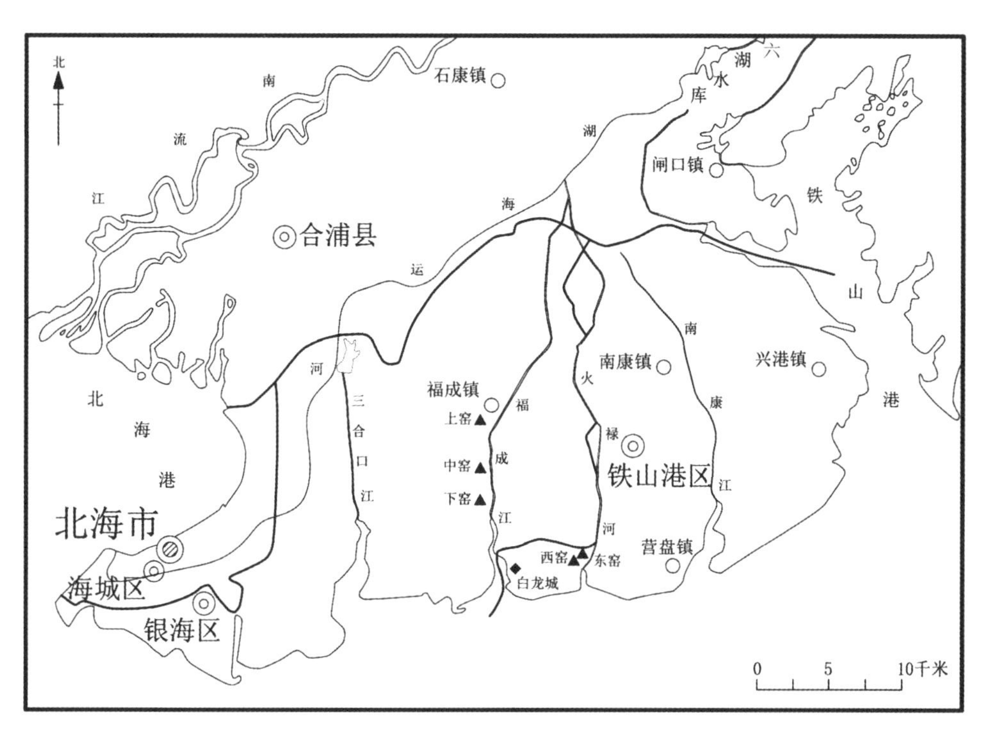

白龙城周边窑址位置示意图（牛凯绘）

上窑村窑址（牛凯摄）

《广西合浦上窑窑址发掘简报》还提出，北海沿海地区突然兴起如此多的窑址，与白龙城采珠密切相关。一方面，从上窑村窑址出土的器物及考古调查采集的器物标本来看，这几个窑址的产品以盆、罐为大宗，器型比较单一；器物一般都是平底、厚重，口沿多子母口，器物整体下沉，稳定感比较强；器物整体烧制比较粗涩，且烧制温度较低，适应海上作业的特点比较明显。另一方面，正统三年（1438年）以后，无休止、大规模的采珠活动需要长时间的海上作业及大量的采珠器具。据万历《雷州府志》载：

> 东莞县行耴大艚船二百只，琼州府白艚船二百只，共四百只，每只雇夫二十名，共夫八千名。……雷、廉二府各小艚船一百只，共二百只，每只雇夫十名，共夫二千名，每月月雇觅夫船并工食银五两，共该银一千两。合用器具爬网、珠刀、木桶、瓦碗、油、铁、木柜等件，令各船人夫自行整备。[①]

据此，一次采珠作业就要耗费大量的物资，由采珠人自行准备，明政府发给银两。如此之多的采珠用品，其中就包括大量的瓦碗，这也导致采珠作业所需瓷器数量的增加。此外，考虑到外地定制、运输成本较高等因素，大量的窑场在白龙城周边应运而生，而这些窑场所在的位置后来发展为今日的村名。

上窑村窑址地表散落的明代陶瓷片（牛凯摄）

①《日本藏中国罕见地方志丛刊·〔万历〕高州府志 〔万历〕雷州府志》卷四《地理志二》，书目文献出版社，1990，第191页。

下窑村窑址地表散落的明代陶瓷片（牛凯摄）

西窑村明代窑址残存（牛凯摄）

东窑村窑址地表采集的明代陶瓷片（牛凯摄）

五、结语

白龙城建于明洪武初年，它的兴衰与海防和采珠有着密切联系。明清时期，白龙城一直是合浦海域的海防重镇之一。明代粤东海域倭寇和海盗侵犯频繁，明朝为了沿海备倭，建立了众多的海防重镇，如廉州府的永安城、白龙城、龙门城等，其中白龙城因优越的地理位置成为永安城的辅助海防屏障。白龙城以南海域所产珍珠多用于进贡。由于倭寇、海盗频繁出没，明政府为打击倭寇、海盗，保证珍珠供应，专门设立涠洲游击管理雷州、廉州海域，以防盗珠。由于采珠在明中后期逐渐衰落，白龙城也逐渐没落直至荒废。清代重修白龙城，并在白龙城地区设白龙城汛，委派把总管理，说明其重要的海防地位。

明代合浦海域有青莺池（青婴池）、杨梅池、乌坭池（乌泥池）、白沙池（独榄沙洲）、平江池、断望池、海渚池（海猪沙）等珠池，位于白龙城以南、涠洲岛以北的海域。正统三年（1438年）以前，明政府对珍珠的需求量不大，制定的采珠政策也比较宽松。正统三年（1438年）以后，明政府在合浦海域的采珠活动是无休止的，其采珠之频繁、数量之多均属历史之最，这也让当地靠海谋生人群苦不堪言。明政府还专门派遣太监负责采珠活动。据《钦差镇守广东涠洲游击将军黄公去思碑》《李爷德政碑》的碑文及其他史料佐证，明政府曾派太监杨得荣、李敬等驻扎白龙城，负责采珠事宜。太监在负责采珠活动期间兼管地方并干预当地的政治，以致荼毒乡里，扰乱当地的社会秩序，让百姓深受其害。据乾隆《廉州府志》载："和融书院在永安所旧城，明知府张岳改珠池太监公馆为之。廉人久遭太监荼毒，太监撤而愁郁之气顿消，故以和融名。"[①]可见，当时太监的治理给廉州人民带来了巨大的灾难，张岳才将"太监公馆"改为"和融书院"。

合浦海域采珠活动历史悠久，历朝历代都曾在此开采珍珠，而以明正统三年（1438年）后尤甚，并且形成了一个体系完整的官营采珠行业。为了垄断合浦海域珍珠的开采权，明政府通过派遣太监、制定法律、建立军事防御机制、编立船甲、控制民间开采等方式，禁止一切民间采珠活动。然而，即便如此，合浦海域的盗珠活动依然猖獗、愈禁愈烈，并形成一个个盗珠集团，这是政府采珠机制与合浦沿海人群自古以来经营海洋产业、依海而生的传统相矛盾的结果。明政府在合浦海域的采珠活动，不仅让百姓苦不堪言，也对当时的社会风气等产生深远的影响。此外，明代在合浦海域的采珠活动，使得海上作业所用瓷器的需求量增加，加之采珠活动所需瓷器的特殊性，以及外地定制、运输成本较高等因素，大量的窑场应运而生，在一定程度上促进了周边窑业的发展。

① 周硕勋修，王家宪纂《廉州府志》卷五《世纪》，收入《广东历代方志集成·廉州府部（二）》，岭南美术出版社，2009，第 85 页。

明朝皇帝采办南珠态度初探

周 权

【摘要】本文试图从采办南珠的规模、理由以及当时社会环境是否适宜采珠三方面出发，初步探究明朝皇帝采办南珠的态度大体可分三种：无意于南珠、小规模采办的节俭采办型，既有正当理由又能考虑民情地大规模采办的合理采办型，既无正当理由又不考虑民情地大规模采办的滥采型，并结合史料具体分析了明朝六位皇帝所属类型。

【关键词】明朝皇帝；采办；南珠

明朝皇帝对采办南珠一事的态度不尽相同。明嘉靖年间任提督两广侍郎的官员林富在给明世宗朱厚熜的《乞罢采珠疏》中言："盖采珠有不可者三，一曰理，二曰势，三曰时。"[①]即皇帝能否下令采办南珠应考虑道理、形势、时机三方面是否合适。言及态度，笔者同样认为，对明朝皇帝采办南珠态度的划分既要考虑采办南珠数量的多寡，也要考虑采办南珠的理由以及当时社会环境是否适宜采珠。无理由、不考虑民情的大规模采珠当属滥采。但若各大珠池经多年休养，产珠极多，府库也因多年消耗而空虚，此时统治者下令采取，获珠虽多，亦不能算作滥采，只能算作正常的采办。因此，根据这三方面的考虑，笔者将明朝皇帝采办南珠的态度主要划分为三种：第一种为节俭采办型，即统治者无意于南珠，采办南珠规模很小，以明太祖朱元璋、明宣宗朱瞻基为代表。第二种为合理采办型，即因府库空虚，统治者结合当时社会实际情况的既有正当理由又能考虑民情地大规模采办，以明英宗朱祁镇、明孝宗朱祐樘、明穆宗朱载垕为代表。第三种为滥采型，即统治者既无理由又不考虑民情地大规模采办，明世宗朱厚熜最具代表性。

① 黄家蕃、谈庆麟、张九皋：《南珠春秋》，广西人民出版社，1991，第130页。

一、节俭采办型

明太祖朱元璋奉行节俭采办南珠。元至正二十六年（1366年）十二月，负责营造新宫的官员向朱元璋进呈图纸。朱元璋发现有雕琢绮丽的地方，要求去掉并对中书省的大臣说："宫室但取其完固而已，何必过为雕斫。昔尧之时，茅茨土阶，采椽不斫，可谓极陋矣，然千古之上称盛德者，必以尧为首。后世竞为奢侈，极宫室苑囿之娱，穷舆马珠玉之玩，欲心一纵，卒不可遏，乱由是起。夫上能崇节俭，则下无奢靡。吾尝谓珠玉非宝，节俭是宝，有所缔构，一以朴素，何必极雕巧以殚天下之力也！"①明朝建立后，朱元璋于洪武七年（1374年）命东莞知县詹勖同官兵采珠于大海，自四月至八月，止得半斤，诏罢之。之后于同年秋九月，罢广州采珠。②可见，无论称帝前还是称帝后，朱元璋都奉行节俭，对采办南珠一事并不热衷。

除明太祖朱元璋外，明宣宗朱瞻基也持节俭采办南珠的态度。据《明宣宗实录》记载，宣德三年（1428年）十一月，行在锦衣卫带俸指挥钟法保奏："臣广州东莞县大步海人，知傍海横沙、潭石等处皆有珠池，产大珠，请差内官同往采。"上谕锦衣卫指挥王节等曰："此小人欲生事扰民，以图己利，即收系于狱。"③明宣宗认为采办南珠会生事扰民，并对意图采办南珠的大臣严厉处置，抓捕入狱。虽尚未见明宣宗采办南珠的史料，但钟法保一案可侧面反映明宣宗对采办南珠的态度。

二、合理采办型

明英宗朱祁镇奉行合理采办南珠。据《明英宗实录》载，天顺三年（1459年）二月，司礼监太监福安奏："永乐间，差内官下西洋，并往广东买办采捞珍珠，故国用充足。今久不采，府库空虚。"上命监察御史吕洪同内官往广东雷州、廉州二

---

①《明太祖实录》卷二十一，"中央研究院"历史语言研究所校印本，1962，第311-312页。

②《明代宦官史料长编》卷三，胡丹辑考，凤凰出版社，2014，第165页。

③《明宣宗实录》卷四十八，"中央研究院"历史语言研究所校印本，1962，第1176页。

府杨梅等珠池采办。[①]至天顺五年（1461年）二月，巡抚两广右佥都御史叶盛奏："广东珠池已经二次采取，即今珠螺稀嫩，须暂停缓，方得长大。况雷、廉等府州县夫疍累被广西流贼劫杀，必须大兵宁靖地方，人力宽苏之日，方可采捞。"上命户部议行。[②]简言之，明英宗在天顺三年（1459年）至天顺五年（1461年）大规模采办南珠，起因为府库空虚，最终因珠螺稀嫩、民情动荡而停采。

明英宗天顺五年（1461年）罢采后至明孝宗弘治十二年（1499年）这近40年间，统治者未有大规模采办南珠的活动。嘉靖年间，提督两广侍郎林富言："又访海滨父老，俱称珠池自天顺年间采后至弘治十一年方采。"[③]

明孝宗朱祐樘也重视合理采办南珠。弘治十二年（1499年）六月，内府承运库奏缺少银两等物。户部议谓："其珍珠，行广东镇、巡等官同议采取，不许生事扰人。"上从之。[④]后于同年开始了明朝规模最大的采办南珠活动。据《明史·食货志》载，至弘治十二年（1499年），岁久珠老，得最多，费银万余，获珠二万八千两。[⑤]这次采珠活动至弘治十五年（1502年）才得以完结。《明孝宗实录》载，弘治十五年（1502年）十一月，先是内府承运库以缺供用珍珠，请下南海采办。至是广东守臣言："地方灾伤，兼以黎贼之扰，乞暂停止。"从之。[⑥]清人夏燮所著《明通鉴》亦载，弘治十五年（1502年）十一月，始罢广东采珠，召中官还。自弘治十二年（1499年）之采，中官岁守之费以万计，而所得不偿。是年得珠较多，而岁久珠老不堪用，上始悟而罢之。[⑦]统治者结束这次采珠活动有两方面的考虑，一是开销过大，得不偿失；二是当地出现了贼情，社会实际情况不再适宜采珠。简言之，明孝宗在弘治十二年（1499年）至十五年（1502年）间大规模采珠，起因同样为府库空虚，最终因开销过大、民情动荡而停采。

---

①《明英宗实录》卷三百，"中央研究院"历史语言研究所校印本，1962，第6371页。

② 同①，卷三百二十五，第6717-6718页。

③ 黄家蕃、谈庆麟、张九皋：《南珠春秋》，广西人民出版社，1991，第128页。

④《明孝宗实录》卷一百五十一，"中央研究院"历史语言研究所校印本，1962，第2678-2679页。

⑤ 张廷玉等：《明史》卷八十二，中华书局，1974，第1996页。

⑥ 同④，卷一百九十三，第3564页。

⑦ 夏燮：《明通鉴》卷三十九，中华书局，2009，第1371页。

明穆宗朱载垕同样重视合理采办南珠。隆庆六年（1572年）正月诏云南、广东采办珠宝，岁进宝石二万块、珠八千两，三年而止。户科都给事中张书等、江西道监察御史刘世曾等疏乞节采办，崇俭德，以苏民困。[①]明穆宗对这一谏言的态度是“报闻”，表示知道了。同年四月，提督两广侍郎殷正茂言：“广东山、海之寇日益充斥，民疲于奔命，死徒过半。陛下岁令采珠八千两，必三年然后已，计所费至三千万金。今军兴，一切尚苦不赡，岂复能办此？即上供不可缺，宜稍杀之，改千为百，宽三年为十年。其银、朱、铜、蜡诸物郡县兵荒者可罢征，以苏重困之民。”户部覆奏，上从之。[②]明穆宗最终还是采取了更为温和的采珠策略以缓和当地严峻的社会形势。由于明穆宗在位只有六年，采办南珠事宜尚未得以实行，他就病逝了，但这一系列举动可表明他合理采办南珠的态度。

三、滥采

明世宗朱厚熜即位初始滥采南珠。据《明世宗实录》载，嘉靖四年（1525年）十一月，太监梁栋奏：“内府供用金珠宝石缺乏，请下户部措处。”户部尚书秦金等言：“今朝廷经费多端，太仓所余无几，此外别无区处，乞行催各省应之数。至于珠石，原非中土所产，祖宗朝俱有内藏，皇上躬行节检，必不以此玩好之具劳民动众。矧广东、云南等处灾异频仍，一闻采取，民何以堪？”上不允，令照先年事例采买。[③]面对朝廷经费多端、府库尚有南珠、广东民情动荡的实际情况，明世宗没有听从户部的建议，坚持采办南珠。

嘉靖八年（1529年），明世宗下令复采南珠。八月，提督两广侍郎林富上言：“迩者，诏下广东采珠。臣闻祖宗时率数十年而一采，未有隔两年一采，如今日者也。盖珠之为物也，一采之后，数年始生，又数年始长，又数年始老，故禁私

---

①《明穆宗实录》卷六十五，“中央研究院”历史语言研究所校印本，1962，第1557页。

② 同①，卷六十九，第1660页。

③《明世宗实录》卷五十七，“中央研究院”历史语言研究所校印本，1962，第1375-1376页。

采、数采，所以生养之也。自天顺年间采后，至弘治十二年方采，珠已成老，故得之颇多。至正德九年又采，珠亦半老，故得之稍多。至嘉靖五年又采，珠尚嫩小，故得之甚少。今去前采仅二年，珠尚未生，恐少，亦不可得矣。五年之役，病死、溺死者五十余人，而得珠仅八千八十余两。说者谓：'以人命易珠。'今兹之役，恐虽易以人命，珠亦不可得矣。今岭之东西所在，饥民告急，申诉纷纷，盗贼乘间窃发，乃复以采珠坐派府县，恐民愈穷敛愈急，将至无所措其手足，而意外之变生矣。臣闻内库尚有扁小余珠犹可备用，未至甚乏。如少俟数年，池蚌渐老，民困少苏，徐取而用之，其于爱民之仁、用物之节似为两得。"疏入，报如前旨采办进用，不得迟误。[①]给事中王希文言："雷、廉珠池，祖宗设官监守，不过防民争夺。……陛下御极，革珠池少监，未久旋复。驱无辜之民，蹈不测之险，以求不可必得之物，而责以难足之数，非圣政所宜有。"皆不听。[②]面对府库有余珠可供备用、民情动荡不堪的局面，明世宗不满足于上次采珠的结果，依旧不听众多大臣的谏言，坚持采珠。复采给广东地方造成了很大的负担，如嘉靖十年（1531年）正月，巡按两广御史杨终芳言："进入广东，见其饥馑异常，山、海寇盗所在蜂起，加以采珠之费，民困已极。"[③]

针对明世宗滥采南珠的行为，嘉靖十一年（1532年）十月，御史郭弘化疏言："按《天文志》，井居东方，其宿为木。顷者彗出于井，必土木繁兴所致。……至于广东，以珠池之役，激穷民为盗，攻劫屠戮，逼近会省。凡此皆有戾天和，上干星变者也。请停不急之工，罢采木采珠之令，则彗灭而前星耀矣。"章下户部尚书许瓒等言："近以工兴，采木烧造之役半天下。且五年间凡三采珠，物力易屈，民困日深，弘化言宜听。"上怒曰："采珠旧例，非朕所增。弘化泛言奏扰，如曰彗灭前星耀，则朕未立嗣，专以采珠致耶？尔等不以为非，乃更附和其说，何故？"于是责弘化对状，黜为民，诏吏部锢勿用。[④]明世宗非但没有听取郭弘化的建议，

---

①《明世宗实录》卷一百〇四，"中央研究院"历史语言研究所校印本，1962，第2438-2439页。

② 张廷玉等：《明史》卷八十二，中华书局，1974，第1996页。

③ 同①，卷一百二十一，第2899-2900页。

④ 同①，卷一百四十三，第3337-3338页。

反而大怒，将郭弘化贬黜为民。

据统计，除嘉靖初年的滥采外，明世宗统治中后期也多次下令采办南珠。如嘉靖二十二年（1543年）诏采珠，嘉靖二十四年（1545年）复采，寻以碎小不堪用而止。[①]嘉靖三十二年（1553年）二月，取太仓银十五万两，进承运库买办金宝珍珠。[②]嘉靖三十六年（1557年）七月，诏顺天府买办珍珠四十万颗有奇，广东采办珍珠九十万颗有奇。[③]嘉靖四十三年（1564年）五月，广东进珠二千两，上发视，少之。命户部别选大珠。[④]嘉靖四十五年（1566年）五月，上谕户部："催广东、云南珠石未至者。"[⑤]直至在位最后一年，明世宗仍在催促采办南珠。故民间传遍雷州珠池"珠蚌夜飞的烁如星迁徙交趾界"的说法。[⑥]简言之，嘉靖朝采珠次数频繁，规模巨大，特别是在嘉靖初年，存在既无恰当理由又不顾民情动荡的滥采情况。

总的来说，通过史料我们可以发现，有明一代，皇帝对于采办南珠的态度大相径庭。明太祖朱元璋出身草莽，体恤民力，无意于采办南珠。明英宗朱祁镇等皇帝则多方考虑，合理采办南珠。明世宗朱厚熜即位初期和统治后期，为满足自己的需求，随心所欲，滥采南珠。

① 顾祖禹：《读史方舆纪要》卷一百〇四，中华书局，2005，第4755页。

②《明世宗实录》卷三百九十四，"中央研究院"历史语言研究所校印本，1962，第6929页。

③ 同②，卷四百四十九，第7637页。

④ 同②，卷五百三十四，第8677页。

⑤ 同②，卷五百五十八，第8965页。

⑥ 黄家蕃、谈庆麟、张九皋：《南珠春秋》，广西人民出版社，1991，第67页。

《天工开物》记载的明代合浦采珠的历史及其价值

韦程丽

【摘要】合浦采珠历史悠久，自汉代起就以盛产珍珠闻名，发展至明代其采珠活动到了鼎盛时期。《天工开物》在其下卷的《珠玉》篇中，记述了合浦珍珠的地位、采珠工具、采珠技术及宋应星有关于“珠徙珠还”的思想认知。通过对其原文研究以及前人研究，探究《天工开物》中明代合浦采珠业发展具有的进步性、科学性，了解其发展历程及影响，可为促进现代合浦珠业的发展提供参考。

【关键词】天工开物；合浦珍珠；发展历程；价值

由明朝科学家宋应星所著的《天工开物》是一部以中国农业和手工业生产为主要内容的综合性科学著作，全书共3卷18篇，分别为上卷：《乃粒》《乃服》《彰施》《粹精》《作咸》《甘嗜》，中卷：《陶埏》《冶铸》《舟车》《锤煅》《燔石》《膏液》《杀青》，下卷：《五金》《佳兵》《丹青》《曲蘖》《珠玉》，其排列顺序凸显“贵五谷而贱金玉之义”的理念。书中详细叙述了各种农作物和手工业原料的种类、产地、生产技术和工艺装备，以及一些生产组织经验，并附有123幅插图，图中展现了130多项生产技术和工具的名称、形状、工序等，图文并茂地生动展现了中国古代农业和手工业生产的先进性和繁荣景象。受明朝商品经济繁荣和程朱理学“经世致用”的影响，书中强调了人与自然之间是紧密联系的，人、物、自然三者需要协调发展，顺应自然，被英国著名科学家李约瑟称为“中国17世纪的工艺百科全书”。丁江文高度评价其为“三百年前言农工业书如此其详且备者，举世界无之，盖亦绝作也”[①]，可谓是一部集研究中国古代科学史、文化史、

①《宋应星研究论文选编》，宋应星纪念馆，1987，第54页。

思想史、经济史等于一体的重要的著作。在其下卷《珠玉》篇关于珍珠的记载中尤以合浦珍珠为重，包含珍珠的产生、采珠的场所、采珠的人群和方法、珍珠生长规律的认知等方面内容，笔者对此进行研究分析，以探讨明末清初合浦采珠的历史和产生的影响及其价值。

一、合浦悠久的采珠史

《天工开物》中记载："凡中国珠必产雷、廉二池。"[①]此处的"雷、廉二池"指的是位于雷州（今广东海康）、廉州（今广西合浦、北海一带）地区的珠池。合浦地区所产珍珠在书中能得冠以"中国珠"的最高荣誉，表明了宋应星对合浦珍珠的知名度和认可度的认同。然而为何宋应星会作此评价，究其原因，无疑与当时合浦珍珠所具有社会影响力有关。

合浦珍珠历史悠久，《逸周书·王会解篇》载："正南，瓯邓、桂国、损子、产里、百濮、九菌，请令以珠玑、玳瑁、象齿、文犀、翠羽、菌鹤、短狗为献。"[②]此处的"瓯邓""桂国"在先秦时期便位于广西地区，"珠玑"即珍珠，呈圆形、规则状的称为"珠"，小而不规则状的称为"玑"。合浦从地理位置上和自然环境上看，位于广西南部濒海地区，有适合珍珠生长的环境，因而盛产珍珠，由此说明早在先秦时期广西合浦所产珍珠便作为地方贡品，上贡周王室，具有特殊地位。西汉元鼎六年（公元前111年），汉武帝平定南越国后，在岭南设立了九郡，其中便包含合浦郡，治所在今徐闻县。其后建立起了自合浦、徐闻、日南出发的海上贸易之路，合浦港作为始发港，商业贸易逐渐繁荣，对外贸易频繁，为合浦珍珠商品化提供了发展空间。

《汉书》卷七十六中记载："妻子皆徙合浦……其家属皆完具，采珠致产数

① 宋应星：《天工开物》，明崇祯十年涂绍煃刊本，中华书局，1959，影印本，第409页。

② 黄怀信、张懋镕、田旭东撰，黄怀信修订，李学勤审定《逸周书汇校集注》，上海古籍出版社，2007，第913-915页。

百万。”[①]王章家属被流放至合浦地区，仅靠采珠便可积累达“数百万”家产，可见合浦珍珠盈利之高，也说明在西汉时期合浦珍珠已具有明显的商品贸易性质。合浦地区民众将珍珠作为重要的贸易商品，合浦珍珠的名气也逐渐扩大。至东晋时期，虽有官府曾垄断珠业，但后期恢复了民间珠贸往来，形成“越俗以珠为宝，合浦有珠市”[②]的特殊景象，合浦珍珠也随珠市的兴盛流转他处，成为远近闻名的珍品。如晋人葛洪在《抱朴子·祛惑篇》中感叹“凡探明珠，不于合浦之渊，不得骊龙之夜光”[③]，对“明珠”出自合浦给予了极高评价。

唐代设廉州郡，在官府的控制下，此时合浦珠业有了更规范的发展，有专门的珠池和设置了专业采珠的珠户。《旧唐书·地理志》载：“唐置廉州。大海，在西南一百六十里，有珠母海，郡人采珠之所，云合浦也。”[④]此处可见合浦地区的采珠场所位于有珠母的海域范围，以海水珍珠出名。唐后期，官府垄断珍珠产业，主要为满足政治需求，合浦珍珠因成为皇家特供，提高了其知名度。《岭表录异》载：“廉州边海中有洲岛，岛上有大池，谓之珠池。每年刺史修贡，自监珠户入池，采以充贡。”[⑤]可见唐朝还专门设立专业的珠户采珠以作为贡品，后官府准许民间珠贸自由，《旧唐书·懿宗纪》载：“宜令诸道一任商人兴贩，不得禁止往来。廉州珠池，与人共利。近闻本道禁断，遂绝通商，宜令本州任百姓采取，不得止约。”[⑥]这一举措促使合浦地区珍珠贸易复现繁荣景象。随着唐代商品贸易的发展，珍珠贸易的影响力不断扩大。

宋元时期，合浦珍珠仍作为贡品上供，并允许民间自由贩珠，因此合浦珠市场十分活跃，但由于过度开采，短时间内珠源紧缺，加上商贾炒作，促使其市场价值极高，价值千金。《岭外代答》卷七《宝货门·珠池》载：“珠熟之年，疍家不善为价，冒死得之，尽为黠民以升酒斗粟，一易数两。既入其手，即分为品等铢两而

① 班固：《汉书》卷七十六《赵尹韩张两王传》，中华书局，1997，第 2473 页。
② 李昉等：《太平广记》，中华书局，1961，第 3236 页。
③ 王明：《抱朴子内篇校释》，中华书局，1986，第 345 页。
④ 刘昫等：《旧唐书》卷四十一，中华书局，1975，第 1759 页。
⑤ 刘恂：《岭表录异》，鲁迅校勘，广东人民出版社，1983，第 5 页。
⑥ 同④，卷十九上，第 654 页。

卖之城中。又经数手乃至都下，其价递相倍徒，至于不赀。”[①]蛋民冒生命危险采得珍珠，被奸商所欺骗，将所得珍珠分等级转手卖于城中，又经过数次辗转，价格不断高升，导致其价格奇高，造成一珠难求的现象，可见当时合浦珍珠在市场中的珍稀程度与知名度之高。

至明代，改路为府治，设有廉州府，辖今广西合浦、北海、浦北、钦州等地，此时的合浦珍珠更是备受推崇，其主要原因如下。

1.合浦地区自然环境优良，适宜产珠且其质量较高

明代王士性曾评价：“海水虽茫茫无际，而鱼虾蛤蚌，共各产各有所宜，抑水土使然，故珍珠舍合浦不生他处……”[②]合浦地区濒临海域，水土适宜珍珠生长，且其所产珍珠也以珠圆、润美的高质量为人所赞。明代王明亨《粤剑编》载：“珠，产廉郡东南大海中。冬春开采，夏秋辍事。昔战国时，魏居北鄙，去廉州深远，获有照乘之珠。隋时，宫中不用膏烛火，悬珠数颗，其光如昼。今无论民间，恐内帑亦未闻有明月珠也。”[③]其中虽有夸大说法，但也反映了合浦珍珠的品质之高，受人追捧。

2.皇家推崇，民间私贩严重

明代皇家尤其喜爱珍珠，并将其纳入皇家典章制度之中，如“设监珠玉等项，计价银二百二十余万，似是供典礼之用”[④]，可见皇家典礼所需珍珠数额之巨大。然而，虽官府管控严格，但在高额利润的驱使下，民间私易珍珠现象仍存在。据《廉州府志》记载：“天顺三年秋，诏采珠，禁钦、廉商人毋得与安南交通。先因获安南盗珠贼范员等，有勃问安南国王。”[⑤]安南地区盗贼不顾法令私盗珍珠，引起官府高度重视。另外，“且倭夷之来，滨海顽民私通接济相煽，以为舶尔。甚至

---

① 周去非著，杨武泉校注《岭外代答校注》卷七《宝货门》，中华书局，1999，第259页。

② 王士性：《广志绎》卷四，吕景琳点校，中华书局，1981，第12页。

③ 叶权、王临亨、李中馥：《粤剑编》，凌毅点校，中华书局，1987，第88页。

④《明神宗实录》卷三百六十，“中央研究院”历史语言研究所校印本，1962，第6724页。

⑤ 王赛时：《古代合浦采珠史略》，《古今农业》1993年第3期。

豪势之家私造艘桅大船，出其资本，招引无籍棍徒交通外夷，贸易番货”[①]。说明当时还存在边海商贩与倭寇私通贸易的现象，合浦珍珠作为珍贵商品，名气之大，获利之高，使得民间偷盗贩珠现象多见。

古代合浦地区所产珍珠能被誉为“中国珠”，与其他产地珍珠相比，珍珠具有极大的影响力，宋应星此番评述也是基于现实依据。

二、《天工开物》中关于明代采珠方法和技术的记录

合浦地区古时的珍珠采集活动，最开始是依靠采珠人潜入海中进行采集，采珠人多来自民间，并需善于潜水。《南州异物志》载：“合浦民善游采珠，儿年十余岁，便教入水。”[②]可见，合浦民众大多善游泳，采珠人“年十余多”便开始培养这方面的技能。合浦地区民间采珠活动频繁，唐宋之后便出现了专门以采珠为业的人群，他们世代生活在水上，称为“疍”。《桂海虞衡志·志蛮》中记载：“疍，海上水居蛮也。以舟楫为家，采海物为生，且生食之。入水能视，合浦珠池蚌蛤，惟疍能没水采取。”[③]在合浦珠池采珠的疍民，依海而生，潜水功夫了得，善于采珠。

到了明代，疍民依旧是合浦地区采珠专业户。两广总督陈大科在《奏停采珠使疏》中提到：“凡是疍户采珠，多在岛屿礁石之滨，而其船率狭小以便采捞，不似大船”[④]。但海水珍珠因生长于海底较深处，除了海上气候变化因素，还有来自海洋生物的威胁，如“不幸遇恶鱼，一缕之血浮于水面，舟人恸哭，知其已葬鱼腹也。亦有望恶鱼而急浮，至伤股断臂者。海中恶鱼，莫如刺纱，谓之鱼虎，疍所甚忌也。”[⑤]“或遇大鱼蛟龟海怪，为鬐鬣所触，往往溃腹折支，人见血一缕浮

①《日本藏中国罕见地方志丛刊·〔崇祯〕廉州府志 〔雍正〕灵山县志》，书目文献出版社，1992，第 93 页。

② 李昉等：《太平御览》，中华书局，1985，第 3564 页。

③ 范成大著，胡起望、覃光广校注《桂海虞衡志辑佚校注》，四川人民出版社，1986，第 232 页。

④ 郭棐：《（万历）广东通志》五十三卷，上海图书馆，1997，第 56 页。

⑤ 周去非著，杨武泉校注《岭外代答校注》卷七《宝货门》，中华书局，1999，第 259 页。

水面，知蜑死矣。”[①]可见，入海采珠的危险性之高，稍有不慎，采珠人便命丧海中。因此，为保障采珠人的安全以及采珠的数量，民间采珠人在不断实践中，创造和发明了具有科学性的采珠方法和具有适用性的采珠工具。

（一）明代采珠方法

1.系绳提篮取蚌法

此类方法在宋代文献中记述较多，如宋周去非《岭外代答》中提道：“取蚌，以长绳系竹篮，携之以没。既拾蚌于篮，则振绳令舟人汲取之，没者亟浮就舟。”[②]这种系绳提篮取蚌法，以绳系竹篮取蚌，既能省去从海中人工抬蚌的负担，又能增加珠蚌的装载量，并能与船上的人配合出水，减轻了入水采珠人的压力，提高了采珠效率。宋代《铁围山丛谈》中则详细提到此类系绳有大小之分，“别以小绳系诸蜑腰，蜑乃闭气，随大絙直下数十百丈，舍絙而往采珠母，曾未移时，然气以迫，则亟撼小绳，绳动船人觉，乃绞取，人缘大絙上出”[③]，其中“大絙”即大绳索。又载“左右以石悬大絙至海底，名曰定石”[④]，以小绳系于蜑民腰间，闭气随绑着定石的大绳索潜入海中取蚌，不能呼吸之时，摇动小绳，使船上的人感应，用绞车提取大绳索，蜑则随大绳索出水。可见小绳可作为联系船上的人的联系绳，大绳索则是提取绳，具有双重保障，便于船上的人与采珠人协同配合，共同完成采珠活动，可减少采珠人在水中遇险无法与船上的人联系的风险，并对提高安全性和采珠效率具有一定进步作用。

到了明代仍沿袭了这类方法，《广志绎》载“旧时蜑人采珠之法，每以长绳系腰，携竹篮入水，拾蚌置篮内则振绳，令舟人汲上之”[⑤]。《天工开物》载“舟中

① 范成大著，胡起望、覃光广校注《桂海虞衡志辑佚校注》，四川民族出版社，1986，第232页。

② 周去非著，杨武泉校注《岭外代答校注》卷七《宝货门》，中华书局，1999，第258-259页。

③ 蔡絛：《铁围山丛谈》卷五，中华书局，1983，第99页。

④ 同③。

⑤ 王士性：《广志绎》，齐鲁书社，1996，第769页。

以长绳系没人腰，携篮投水”[①]。宋应星还配以《掷荐御漩　没水采珠》[②]绘图，以图文结合的方式，可更直观地看到这类方法在采珠活动中的使用。图中可见，在海浪翻滚的海面上，采珠船尾边一“没人”手挎篮子并紧握连接到船上绞车的绳索，船上衣着完整的三人则在操作、控制着绞车。此外，船头边一“没人”一手提篮子，另一手紧握船侧所系绳索，但图中未将“没人”腰部所系绳子绘出，因此图中所绘船尾长绳应为供提取的大绳索。

《掷荐御漩　没水采珠》[③]

① 宋应星：《天工开物》，明崇祯十年涂绍煃刊本，中华书局，1959，影印本，第408页。

② 同①，第411-412页。

③ 宋应星：《万有文库：天工开物》，商务印书馆，1933，第298-299页。

2.网兜采珠法

宋应星在《天工开物》中以图文结合方式提及了另外一种用工具采珠的办法，“宋朝李招讨设法以铁为构，最后木柱扳口，两角坠石，用麻绳作兜如囊状。绳系舶两旁，乘风扬帆而兜取之”①。这种由宋代姓李的招讨官发明的一种采珠网兜，“以铁做成耙形状的框架”②，底部横放木棍用以封住网口，两角坠上石头，以石头重量沉底，四周围上如同布袋子的麻绳网兜，将牵绳绑缚在船的两侧，借着风力张开风帆，继而可以网兜于海下兜取珠贝。这种由人工潜水采珠转向借用工具采珠的办法，无疑有减少采珠人受伤、死亡的作用。从其配图《扬帆采珠　竹笆沉底》③中，可以看到图中一艘采珠船张开风帆，两人悠闲自得地坐于船头交谈，一人位于船尾手握风帆引绳似乎在控制风帆，船尾两旁系着绳索，海面可见立起的木柱子，应该起到拖引没入海中的采珠网兜的作用，至于为何配图释文的竹笆与《天工开物》文中所提的铁制构架不同，推测可能为降低成本，改用竹制。此外，相较于《掷荐御漩　没水采珠》中的横阔船体、五人均在忙碌的景象，《扬帆采珠　竹笆沉底》则描绘船体细长、船上人员较为悠闲的景象。船体细长可减少水的阻力，加之控制张开风帆有助于借风行驶以把控行驶速度，可一定程度减轻采珠人的压力。但这种方法并不是一劳永逸的，“然亦有漂溺之患。今疍户两法并用之”④。这种采珠的方法还有漂失和沉没的危险，且无法选择合适的蚌珠，可采取深度也不可精确控制，甚至会意外捕捞上其他海域生物，对海洋生态环境会造成不同程度的影响。系绳提篮取蚌法和网兜采珠法作为明代疍民常用的采珠方法，宋应星在《天工开物》中以图文并茂的方式呈现，是具有实际意义的。

---

① 宋应星：《天工开物》，明崇祯十年涂绍煃刊本，中华书局，1959，影印本，第 408 页。

② 宋应星著，藩吉星译注《天工开物译注》，上海古籍出版社，2016，第 302 页。

③ 同①，第 413-414 页。

④ 同①，第 409 页。

《扬帆采珠　竹笆沉底》①

（二）采珠工具

1.采珠船

船是行驶海上的重要交通工具，海上天气变幻、风浪大小无常，是影响船只行驶的重要因素。采集海珠活动大多在海上作业，因此需要稳定、坚固的船只，更需要能应对海上风浪的有效办法。宋应星在《天工开物》中提及："凡采珠舶，其制视他舟横阔而圆，多载草荐于上。经过水漩，则掷荐投之，舟乃无恙。"②这里提到的"采珠舶"具有"横阔而圆"的造型，《掷荐御漩　没水采珠》图中所绘的采珠船船体较为横阔，船头、船尾皆为椭圆形。李约瑟在《中华科技文明史》中认为《天工开物》中的潜水员"使用他们所独有的很宽很大的船在特设的珍珠牡蛎场作

① 宋应星：《万有文库：天工开物》，商务印书馆，1933，第 300-301 页。

② 宋应星：《天工开物》，明崇祯十年涂绍煃刊本，中华书局，1956，影印本，第 408 页。

业”[1]。船体如此设计，主要是因为海上风浪较大，船体横阔才不易被风浪打翻，更具稳定性。椭圆形船头、船尾可能是为了行驶平缓、稳定，便于采珠船在海上暂停于某处进行采珠作业，凸显了采珠船设计的独特性和适用性。

2.草荐

海上风浪变幻莫测，极易形成漩涡，在《掷荐御漩　没水采珠》图中描绘了船下波浪翻滚，船头有一人双手搬动草荐的画面，上配“掷荐御漩”四字说明，表明此人正欲将草荐掷于海面漩涡处，是为了应对对船体具有威胁的破坏因素，确保船的行驶安全。草荐体积较轻，不易下沉，成本较低，从实际操作角度考虑，实用性较高。

（三）应对人体生理机能的工具

古时疍民采珠需要潜入海中，根据母蚌所处深度开展水下活动，这将会受到海水压力和人于水中闭气时间长短等因素影响。特别是在没有借助任何潜水工具的情况下，人在海里潜水的时间越长，身体受到的压力越大，容易造成不同程度的挤压而导致组织器官出血，肺部憋气形成缺氧、昏迷、体温下降等症状，严重者可能会吐血而死。此外，出水时面对海水压力和海面压力的差异，容易导致减压病，对采珠人的身体造成伤害。但迫于经济需求，采珠人通常会铤而走险，长时间潜水而损耗自身的健康，因此如何延长水下呼吸时间，应对海水压力造成的伤害，成为采珠人需要解决的问题。

1.锡造湾[2]环空管

宋应星在《天工开物》中提及“凡没人以锡造湾环空管，其本缺处对淹没人口鼻，令舒透呼吸于中，别以熟皮包络耳项之际。极深者至四五百尺，拾蚌篮

---

①李约瑟：《中华科学文明史》，柯林·罗南改编，上海交通大学科学史系译，上海人民出版社，2010，第275页。

②“湾”应与“弯”同义。

中。”[①]在《掷荐御漩　没水采珠》图中，船旁两没人在海面上均口衔弯管，管子头尾在没人口鼻可形成一个封闭循环的空间，并用软皮包缠在耳项之间，有固定空管的作用，因此可以推测锡造湾环空管实际上是具有一定空气存储作用的储氧管。陈启流认为“通过对潜水史的观察，涂本《没水采珠船》图所反映的潜水方式可能更接近于气囊潜水法”[②]，但由于储存空间有限，其空气存储量还不足以与现代的氧气瓶相比，且在海底受其他因素影响，容易出现管内进水、脱管等问题，因此推测此方式仅适用在深度较浅的区域且潜水时间不长的情况下，因而“极深者至四五百尺”[③]（120～150米）可能具有夸大性质，但较之仅靠闭气潜水，从保障人身安全和提高采珠效率上仍具有一定进步性。

2.毛皮织物热敷法

因海水的压力，随着潜水时间的增长，容易造成人体体温下降等问题，特别是因呼吸问题，在上浮速度过快的情况下，海水压力迅速减少，会产生关节疼痛、头疼、神经障碍、组织坏死的症状，更甚者会造成瘫痪甚至死亡。为了应对这样的问题，疍民采取了升温保暖的措施，来缓解此类症状，“凡没人出水，煮热毳急覆之，缓则寒栗死”[④]。在没人出水时，必须用煮热了的毛皮织物盖上，迟了就会因体温下降而死。毛皮织物方便于海上携带，也具有保暖性和可循环使用的特点。

综上所述，明朝疍民海上采珠活动已形成采用工具辅助采珠的现象，《天工开物》中所载的系绳、提篮取蚌法、网兜采珠法、独特的采珠船、“掷荐御漩”法、锡造弯环空管、毛皮织物热敷法等的使用，具有继承与发展的特点，从一定程度上反映了明朝疍民为保护自身安全、提高采珠效率，采用较为便捷、成本不高、具有实用性的材料，从实践中提高对人体生理机能以及应对自然的认识，同时体现了“顺应自然、制器尚用”的造物观念，强调了人与自然的和谐，具有人工造物的主

① 宋应星：《天工开物》，明崇祯十年涂绍煃刊本，中华书局，1956，影印本，第409页。

② 陈启流：《陶本〈天工开物〉所附〈没水采珠船〉图考》，《农业考古》2018年第3期。

③ 同①，第408页。

④ 同①，第410页。

动性以及实用性，展现了古代劳动人民的智慧结晶。

三、《天工开物》中关于合浦“珠徙珠还”的生态理念

宋应星在《天工开物》中提及“凡珠生止有此数，采取太频，则其生不继。经数十年不采，则蚌乃安其身，繁其子孙而广孕宝质。所谓‘珠徙珠还’，此煞定死谱，非真有清官感召也”[①]，表述了珍珠的形成具有自身的生长规律。

宋应星所说“珠徙珠还”应出自《后汉书·循吏列传》中的《珠去还复》记载：“孟尝……迁合浦太守。郡不产谷实，而海出珠宝，与交阯比境，常通商贩，货来粮食。先时宰守并多贪秽，诡人采求，不知纪极，珠遂渐徙于交阯郡界。于是行旅不至，人物无资，贫者饿死于道。尝到官，革易前敝，求民病利。曾未逾岁，去珠复还，百姓皆反其业，商货流通，称为神明。”[②]可见东汉末年，合浦地区民众多以采珠为业，依靠珍珠与交趾（今越南北部）交换粮食，然而因地方官员贪婪腐败，采珠为自己所用，导致当时的珍珠被过度开采，以致合浦地区出现珠源枯竭、民不聊生的困境。孟尝至合浦为官，为百姓除掉祸患，不久后合浦地区珍珠业才得以恢复正常，孟尝也因此被百姓视为神明、清官，并有了“珠还合浦”的民间故事。

宋应星以珍珠生长的自然特征，讨论“珠徙珠还”现象的出现，实则是尊重自然规律的缘由，从根本因素上可知，合浦地区珍珠业的恢复并不是因为清官本人的能力，而是其采取措施，减少了因过度采捞而干扰珍珠生长规律的破坏性因素，使得珍珠生长循环得以继续。

宋应星为何对“珠徙珠还”产生这样的认知，笔者认为与当时的社会现象和社会思想有关。具体原因如下。

---

① 宋应星：《天工开物》，明崇祯十年涂绍煃刊本，中华书局，1956，影印本，第410页。

② 范晔：《后汉书》卷七十六《循吏列传》，中华书局，1965，第2473页。

（一）明代采珠活动频繁，导致合浦地区珠源匮乏

明代是中国历史上珍珠开采活动最为频繁的朝代，导致珠源枯竭，主要是以官府强制开采最为严重。合浦珍珠自商朝起便作为贡品受到中央王朝的喜爱和重视，至明朝，珍珠作为皇家日常和礼仪交往的重要消耗品，需求更大，品质要求更高。《明史》中载“以太后进奉，诸王、皇子、公主册立、分封、婚礼，令岁办金珠宝石”[①]，加上明朝宗室群体庞大，维持礼仪制度所需珍珠便难以计量。为了便于掌控珍珠开采，自洪武初年起，官府便已管控民间采珠活动，特令广东布政司以及珠池太监负责管理珍珠上贡事宜。如《粤大记》中载：“洪武三十五年，差内官于广东布政司起取疍户采珠。”[②]天顺三年（1459年），太监福安称：“上命监察御史吕洪同内官，往广东雷州、廉州二府，杨梅等珠池采办。”[③]

谈迁在《枣林杂俎》中提及官府多次下诏采珠：“洪武二十九年（1396年）诏采珠，至永乐十四年（1416年）始复采，又至天顺三年（1459年）诏采珠，弘治十五年（1502年）复采，正德九年（1514年）诏采珠，则以为频数矣。”[④]据学者统计：“明朝先后于洪武二十九年（1396年）、永乐十三年（1415年）、洪熙元年（1425年）、天顺三年（1459年）、成化元年（1465年）、成化二年（1466年）、弘治十二年（1499年）、正德九年（1514年）、正德十三年（1518年）、嘉靖五年（1526年）、嘉靖八年（1529年）、嘉靖十年（1531年）、嘉靖二十二年（1543年）、嘉靖二十六年（1547年）、嘉靖三十七年（1558年）、嘉靖四十一年（1562年）、隆庆六年（1572年）、万历二十六年（1598年）、万历二十七年（1599年）、万历二十九年（1601年）、万历四十一年（1613年）等年份，先后二十多次组织采捞珍珠。”[⑤]因此，明朝历代采珠数量巨大，明孝宗年间所采珍珠总量共计三万六千四百两。其次便是明正德九年（1514年）十月至翌年二月先后两次下诏采

---

① 张廷玉等：《明史》卷八十二，中华书局，1974，第 1996 页。

② 郭棐：《粤大记》，黄国声、邵贵忠点校，广东人民出版社，2014，第 874 页。

③ 王涛：《明清以来南海主要渔场的开发（1368—1949）》，上海交通大学，2014，第 11 页。

④ 王赛时：《古代合浦采珠史略》，《古今农业》1993 年第 3 期。

⑤ 廖国一：《环北部湾沿岸历代珍珠的采捞及其对海洋生态环境的影响》，《广西民族研究》2001 年第 1 期。

珠，如“正德九年十月，诏采珠。……费银一万七千两有奇，获珠二万八千两有奇”[①]，导致“珠民没有息肩之日”。

尤其到了明代中后期，皇室崇尚珠宝，盛行奢靡之风。明嘉靖年间合浦珍珠进贡采捞活动更为频繁，规模更大。《枣林杂俎》中记载：“嘉靖五年诏采珠……九年又采，十二、十三年连采。”[②]官府采珠活动通常需要征集大量船只、人力，使得百姓饱受珠役，苦不堪言。明嘉靖五年（1526年）诏令采珠时，“十二月大雨雪，池塘冰结，树木皆枯，民多冻死”[③]，“五年之役，病死溺死者五十余人，而得珠仅八千八十余两，说者谓‘以人命易珠’”[④]。可见其采珠活动耗费的财力巨大，劳民伤财。

如此高频率的采珠活动，对明代中后期财政也造成了一定影响。“正德时期财政赤字最多时超过300万两，嘉靖七年（1528年）为11万两，隆庆元年（1567年）为345万两，万历十八年（1590年）为54万两”[⑤]。在财政赤字的情况下，仍下令耗巨资开采珍珠，可谓是耗国之根本以满足统治阶级利益。明代后期，廉州府屡遭倭寇骚扰，战乱连年，自然灾害频发，“先后有七年发生大饥荒，有三次大瘟疫发生”[⑥]。综上可见，合浦地区官府强制频繁采珠，不顾民生，使珠民处境困难、怨声载道。明朝廉州知府林兆珂在《采珠行》中云：“哀哀呼天天不闻，十万壮丁半生死，死者常葬鱼腹间。”可见，官府采珠活动对合浦地区的民众产生了深刻的影响，同时频繁的采珠活动也会打乱珍珠的生长规律。宋应星在《天工开物》中提及的珍珠生长规律：“凡珠生止有此数，采取太频，则其生不继。经数十年不采，则蚌乃安其身，繁其子孙而广孕宝质。”[⑦]如此频繁的采珠活动，打破了珍珠的生长规律，自然就会出现蚌不生珠、珠源匮竭，从而扰乱合浦地区民生的现象，导致合

① 郭棐：《粤大记》，黄国声、邓贵忠点校，广东人民出版社，2014，第874页。

② 谈迁：《枣林杂俎》，穆克宏点校，中华书局，2006，第368页。

③ 同①。

④《日本藏中国罕见地方志丛刊·〔崇祯〕廉州府志 〔雍正〕灵山县志》，书目文献出版社，1992，第170页。

⑤ 陈忠海：《明朝中后期的财政困局》，《中国发展观察》2021年第18期。

⑥ 王赛时：《古代合浦采珠史略》，《古今农业》1993年第3期。

⑦ 宋应星：《天工开物》，明崇祯十年涂绍煃刊本，中华书局，1956，影印本，第410页。

浦地区珍珠产业逐渐没落。“自清顺治元年（1644年）至康熙三十四年（1695年）的51年间，第一次下诏试采珍珠，因所得无几，次年罢采。乾隆十七年（1752年）九月又曾下诏采珠，然而这次采珠也却一无所获而罢”①。可见，明代肆意采珠对合浦地区珠源破坏严重，以至于到了清代，合浦珠业仍难以恢复昔日的繁荣。

（二）宋应星“自然哲学观、造物观”的思想观念

宋应星所处的晚明时期，商品经济发展繁荣，社会上盛行一股反传统的思潮。此思潮中既有对传统理学的批判，也有对国计民生的关心和研讨。“士当求实学，凡天文地理兵农水火及一代典章之故，不可不熟究。”②因而注重实践的“经世致用”思想成为文人所提倡的。加上晚明“西学东渐”的风潮，西方科学理念也冲击着中国传统理学思想。西方重视的应用精神和技艺，促使一大批中国知识分子从传统科学技术方面进行实践考察、总结，出现了一大批具有进步性意义的古代科学性著作，促进了社会风气的开化。此类社会思想变革使宋应星的思想受到了极大的影响，加上明末官场腐败、自身科举失意等因素，使宋应星投身于关注民间传统技艺的研究之中，深入民间的田间、作坊，开展调研和分析，总结出自身对民间造物蕴含的朴素自然观及具有实用性特征的认知。正是在这样的社会思潮和自身的实践探索中，宋应星形成了自身的自然哲学观、实践观。正如丁文江在“陶湘本”《重印天工开物卷》跋中评价“宋氏独辟门径，一反明儒陋习，就人民日用饮食器具而穷究本源”③，即从人民息息相关的生活中研究起源，从生产实践中探索本质。

总之，宋应星所认为的“珠徙珠还”，究其根本在于遵循珍珠生长规律，表现了宋应星结合实际，基于当时合浦地区珍珠开采过度造成的影响，得出合浦地区采珠业发展的经验总结，是立足于实践基础上的认知，体现其自然哲学观念，倡导顺应自然发展规律、适当开采珍珠的思想认知，对合浦地区采珠业的可持续发展有思

① 王赛时：《古代合浦采珠史略》，《古今农业》1993年第3期。

② 顾炎武：《顾亭林诗文集》，中华书局，1983，第155页。

③ 丁江文：《宋应星研究论文选编——重印〈天工开物卷〉跋》，宋应星纪念馆，1987，第5页。

想科学引导的作用。

《天工开物》是一本集古代科技、文化与思想于一体的科学性著作，内容丰富，记载了农业、手工业、商业等众多内容，具有重要的研究价值。在《天工开物·珠玉》中，记载了宋应星对合浦珍珠的地位、珠池分布、采珠方式、审美等级、“珠徙珠还”的本质原因等的认知，从中反映出明朝时合浦珍珠的影响力，反映了明朝合浦地区采珠业发展具有进步性特征，并从其认知中窥见合浦采珠发展与没落的历程，特别是其对具有科学性的采珠方式与工具的运用、“珠徙珠还”本质的认知评述，在一定程度上体现了合浦采珠业发展中所体现出来的科学性、实用性、革新性以及在采珠实践上对人体机能、自然规律的深刻认识，对现代合浦珠业发展具有指导性意义。《天工开物》作为具有科学性的古代科学著作，其所蕴含的自然观、造物观是值得借鉴的。

图版

北海市铁山港区牛屎环塘新石器时代沙丘（贝丘）遗址（北海博物馆提供）

北海市铁山港区兴港镇谢家村委谢家村麻丝岭汉代贝丘遗址（陈启流摄）

麻丝岭汉代贝丘遗址的文化堆积（廖国一摄）

2020年10月，廖国一考察北海市铁山港区兴港镇谢家村委会麻丝岭汉代贝丘遗址（内含珍珠贝）

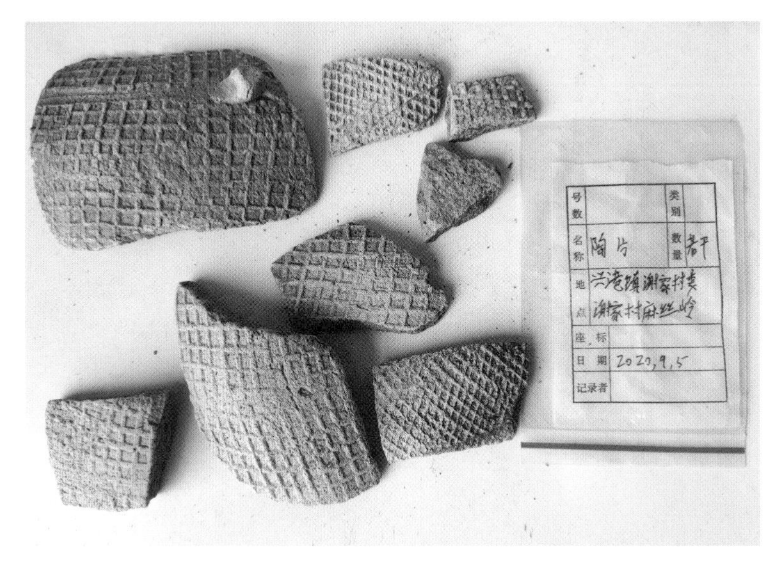

北海市铁山港区兴港镇谢家村委会麻丝岭汉代贝丘遗址出土汉代方格纹陶片（北海市博物馆提供）

广州南越王墓出土的汉代珍珠（廖国一摄）

广州南越王墓出土的汉代珍珠（廖国一摄）

被修复一新的明代白龙珍珠城（廖国一摄）

白龙珍珠城西门遗址（蒙长旺摄）

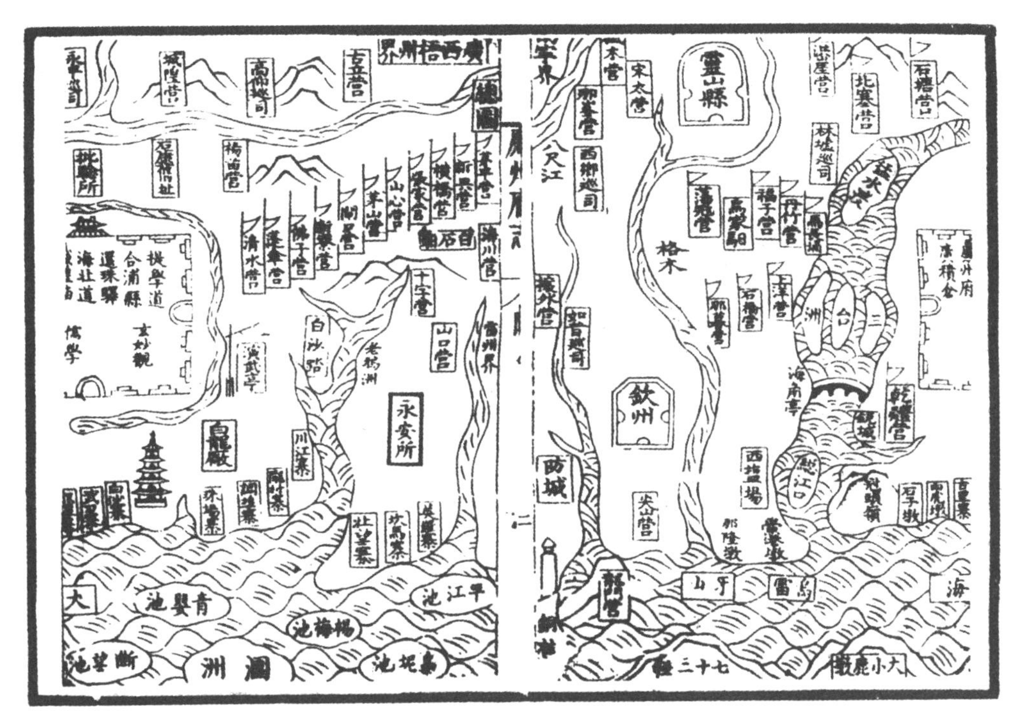

明崇祯《廉州府志》图经中标注的白龙城和珠池

白龙珍珠城太监亭（廖国一摄）

白龙珍珠城珍珠亭内陈放的明代《天妃庙记》石碑（廖国一摄）

白龙珍珠城汉代孟尝现代石雕像（廖国一摄）

白龙珍珠城明末清初屈大均现代石雕像（廖国一摄）

故宫藏明朝万历孝端皇后镶珍珠凤冠（廖国一摄）

故宫藏明朝万历孝端皇后镶珍珠凤冠侧面（廖国一摄）

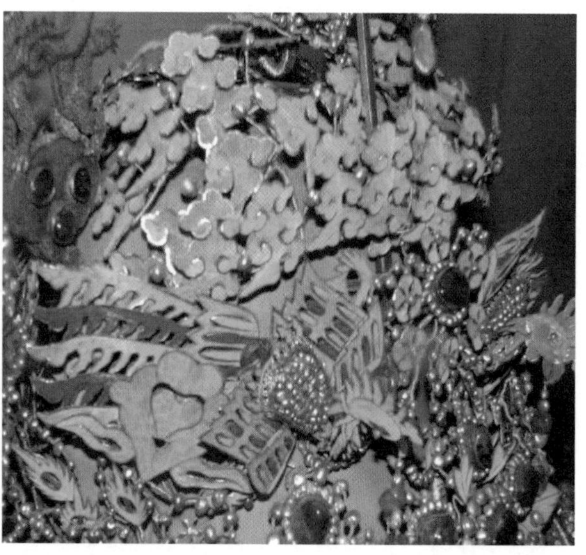

故宫藏明朝万历孝端皇后镶珍珠凤冠局部（廖国一摄）

合浦还珠广场的南珠雕塑（廖国一摄）

北海南珠宫展出的珍珠王冠（廖国一摄）

北海南珠宫展出的珍珠帆船工艺品（廖国一摄）

北海南珠宫展出的南珠王（廖国一摄）

北海南珠宫展出的珍珠项链（廖国一摄）

北海南珠宫展出的南珠（廖国一摄）

北海南珠宫展出的珍珠贝（廖国一摄）

北海南珠宫展出的采珠用吊笼（廖国一摄）

广西合浦汉郡古沉木文化开发有限公司创作的珠女木雕（廖国一摄）

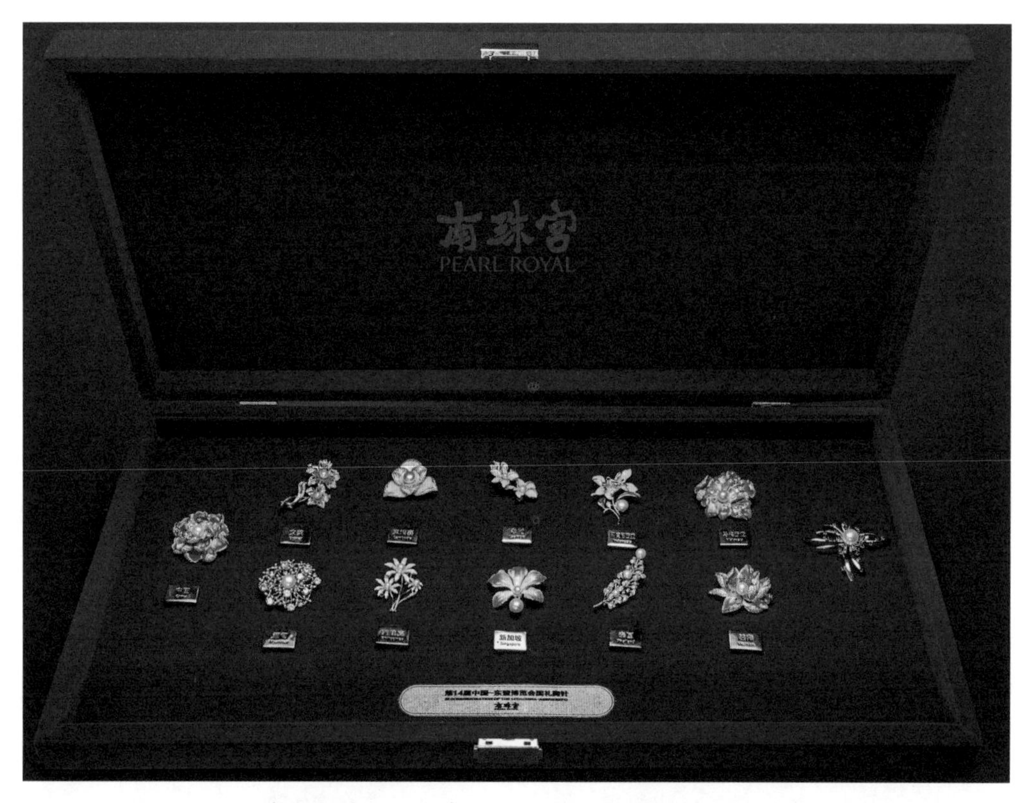

第十四届中国–东盟博览会国礼胸针（北海南珠宫提供）

海水养殖的南珠（合浦东园珠宝提供）

《珠还合浦》剧照之一（北海市文艺交流中心提供）

《珠还合浦》剧照之二（北海市文艺交流中心提供）

致力海上丝绸之路文化传播和《南珠宝宝》动画片制作的广西阔迩登文化传播有限公司

《南珠宝宝》动画片衍生品（广西南珠宝宝数字科技有限公司）

后 记

广西北海市合浦县濒临北部湾，是南珠的原产地和主要产地。位于广东省雷州半岛以西，以铁山港为中心的广西合浦—北海一带沿海海域，港湾多，风平浪静，潮流畅通，水质优良，水温适中，浮游生物和藻类丰富，具有非常适合马氏珍珠贝等珍珠贝类生长的良好环境，自古以来就是珍珠生长的最佳场所。明清时期文献记载的珠池有断望、乐民、乌泥、平江、杨梅、青婴、竹林、玳瑁、白沙、海猪沙等，主要分布在上述海域。

珍珠是一种有机宝石，受到古今中外人们的喜爱。佩戴珍珠首饰是身份、财富和地位的象征，珍珠还具有治病健身和养颜美容的功能，因此珍珠还具有重要的经济、文化和药用等价值。南珠作为珍珠的一种，具有粒圆凝重、晶莹剔透、光泽美丽、色泽持久等特点，被誉为中国海水珍珠的皇后。明末清初屈大均在《广东新语》中说："合浦珠名曰南珠，其出西洋者曰西珠，出东洋者曰东珠。东珠豆青白色，其光润不如西珠，西珠又不如南珠。"

南珠具有悠久的历史和璀璨的文化，是国之瑰宝，驰名世界。南珠文化是海上丝绸之路文化的重要遗产和重要文化品牌，为进一步加强对南珠文化的挖掘、研究和保护工作，促进南珠文化与产业、旅游、研学、科技等方面的融合，让古老的南珠发出更加耀眼的光辉，广西师范大学泛北部湾区域研究中心承担了合浦县申报海上丝绸之路世界文化遗产中心"合浦南珠历史文化研究"这一课题的研究任务，并完成了本书的编纂，具体分工如下：廖国一负责策划、拟定提纲、调研和统筹等，廖国一、欧冬梅负责撰写绪论，廖国一负责撰写第一、二、三、五、六章，欧冬梅负责撰写第四章，石湘玉、陈天羽负责撰写第七章，陈天羽、刘曹花、隋华、罗婧文负责撰写第八章，隋华、李沛时负责撰写第九章。本书附录中收入了郭超、王霞、牛凯、陈启流、周权和韦程丽撰写的相关论文，为本书增色不少。陈启流为本书提供了参考资料，陈天羽、刘曹花、罗婧文等做了大量资料的收集、整理工作，广西科学技术出版社的编辑们为本书的编写和出版付出了大量的心血，提出了很多宝贵的意见，在此一并表示感谢！

南珠历史悠久，文化厚重，有待研究的问题领域还很多，涉及历史、考古、生态、民俗、宗教等诸多学科。希望本书的出版发行，能够起到抛砖引玉的作用，引起学术界对合浦南珠历史文化和海上丝绸之路文化更多的关注，以为历史研究和现实发展服务。

由于研究水平有限，加之时间仓促，书中不足之处在所难免，敬请读者批评指正！

廖国一

2021年12月20日